梦想的手工设计室

15位女性手工艺师的成功故事

[日] 田川美由 著 / 孙羽 译

中国轻工业出版社

目 录

001 工艺玻璃设计师　nido　　　　　　　　　　5

002 手包设计师　中林舞伊　　　　　　　　　　13

003 陶艺小箱设计师　高见泽美穗　　　　　　　21

004 编织设计师　Takamori tomoko　　　　　　29

005 手工工艺品设计师　小山千夏　　　　　　　37

006 陶艺师　古角志奈帆　　　　　　　　　　　45

007 花艺设计师　平松美加　　　　　　　　　　53

008	甜点师　笠尾美绘	61
009	皮革、手表设计师　hujisa yuri	69
010	纸艺品设计师　井上阳子	77
011	画框设计师　石井晴子	85
012	剪纸设计师　矢口加奈子	93
013	鞋履设计师　野田满里子	101
014	时尚盆栽设计师　田鸠Risa	109
015	银饰品设计师　长崎田季	117

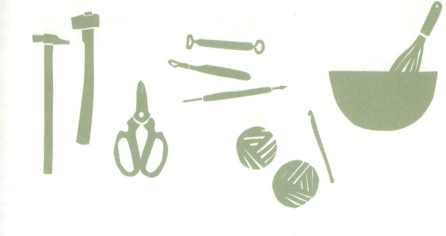

阳光透过一颗颗串珠,
每次晃动都会反射出不同的色彩和表情。
不管走到哪里,看到它们,就会弥漫起怀旧的情怀。
但是当你看到从未见过的新颖的串珠时,
又会感到小鹿乱撞般的怦然心动。

001

工艺玻璃设计师
nido

一个人不可能完成的任务，三个人却相得益彰

　　干货店、腌菜店、蔬菜店、老者安坐其中的咖啡厅……在狭长的街道两侧，小小的店铺星罗棋布。从一大早开始就精神抖擞的老爷爷老奶奶在街道上缓缓穿行，猫儿则带着一脸悠闲躺在大街中央打盹……这是一条充满了怀旧风情民居的街道——谷中。而在街道的一角，有一家叫作"nido"的小店，它既是店铺，也是工作室。

　　这里曾经是一家缝纫教室。室内摆放着各式各样的工艺玻璃作品，反射出微小而美丽的光泽。台灯、镜框、各式各样的装饰品、将古董和装饰玻璃融合在一起的小物件……到处都是个性十足的作品。当光照射在玻璃上，它们又会展现出完全不一样的风情，充满了新奇的魅力。相信每个人看到这梦幻般的色彩，都会忍不住为之倾倒。

　　"nido"是三位工艺玻璃设计师矢口恭子、真野江利子和米屋绫子的组合名称。今天，矢口女士和真野女士接受了我们的访问。

　　矢口女士最初接触到工艺玻璃的魅力，是源于一次远赴巴黎的漫长旅行。

工艺玻璃设计师

当她欣赏到教堂美丽的彩色工艺玻璃时,心中瞬间充满了无比的感动。回国后,她进入了一家彩色工艺玻璃学校学习,并在这里结实了米屋女士。毕业之后,矢口女士进入一家玻璃工房工作。以前的朋友真野女士看到她工作的样子,十分感兴趣,于是一边向矢口女士学习,一边开始了制作工艺玻璃的工作。最终,三个人决心一起合作,于是便组成了"nido"这个组合。

开始的时候,三个人只是在自己家中活动。但很快,活动的空间开始不够用,于是三个人准备一起寻找能够当作工作坊的场所。尽管一开始并没有找到中意的店面,但是见到现在这家店面的瞬间,三个人就对它一见钟情。"这里曾经是一间缝纫教室,因此氛围特别适合制作手工。于是我们立刻产生了在这里开工作室的想法,同时还打算兼作店铺。我们希望自己的作品能分享给更多的顾客,这一直是我们的梦想。看到这里的第一眼,我们就确定了这里就是最适合的地方。"矢口女士说。

那么,对于二位来说,艺术玻璃的魅力究竟在哪里呢?"一提到艺术玻璃,很多人立刻就会联想到教堂的彩色玻璃。"

"但如果想要亲手制作的话,无论大小,都可以用这种形式来表现。凭借自己的双手,带给工艺玻璃这种素材全新的生命,是一项非常神奇的工作。我可以从中感受到无限的可能性。"矢口女士说。

真野女士则认为"我喜欢做出超乎自己想象的作品的瞬间,那一刻非常有趣。例如用电子玻璃炉烧玻璃的时候,烧好的玻璃会随着温度的变化逐渐变色。不到彻底冷却,谁都无法知道究竟会烧出什么颜色来。有的时候,花了一整天时间制作的作品,可能到头来功亏一篑,不过这种不可预测性本身,就令人十分着迷。"

在这间工作室里,除了一般的台灯和镜框之外,也会根据客人的需要,定做住家或店铺用的彩色玻璃。"既需要满足客人的意愿,又要体现出自己的个性,这并不是一件简单的作业。在这些定做的作品中,究竟要在多大程度上体现我们自己的个性呢?对于这一点大家总是拿捏不准。不过,有很多作品虽然最初感到很困难,但是三个人商量之后,问题就会不可思议地迎刃而解。等到作品完成后,正好体现出了nido的风格。很多时候我们都深深感到,一个人不可能完成的任务,三个人却相得益彰。"听了矢口女士的话,真野女士也深表同感。

对于nido的三位成员来说,共同制作时候出现的分歧、观点的不同、制作时由谁主导等这些合作伙伴中常出现的问题,似乎并不成问题。因为三个人在决定共同合作之前,早已经针对这些问题进行过深入的沟通。三个人虽然喜欢的东西基本都很类似,但细节的部分却各有各的偏好,三个人的风格也各不相同,当然,每个人的风格都没有超出nido本身的定位。在nido这个框架内,究竟要创作什么样的作品、表现什么样的风格,三个人都非常详细地进行了交流,相互之间也会不断地确认,希望能够表现出作品的核心。三个人在一起的力量果然是最强大的。

　　nido三位设计师之间的"三角关系",也一直保持着非常绝妙的平衡。对于矢口女士来说,真野女士是一直以来的朋友,"我们两人可以算得上身心相连,不仅兴趣十分相似,而且创作时的姿势和节奏也都几乎一模一样。和对方在一起的时候,我们都会觉得自己也变得强大起来。而米屋则是喜欢追求刺激的人,她总会给我们带来一些意想不到的新鲜感。"

　　而真野女士则笑称"我就好像是被矢口养大的一样。她原本是我朋友的姐姐,我们之间相差了五岁,在我的整个青春期,她是对我影响最大的一个人。我们的感觉都很接近,对方是不是喜欢这个,是不是没有那个不行,我们之间大多能相互明白。而米屋则是一个心直口快的人,想到什么就说什么,从来不会顾忌。听了她的话,我经常会感到原来还能够从这样的角度看问题!"

　　有着像双胞胎一样感受力的矢口女士和真野女士,再加上犹如一阵新风的米屋女士,三个人就这样保持着独特的平衡。

　　这间工作室除了出售作品之外,还开办了教授工艺玻璃的玻璃教室。三个人最初本着"想让更多身边的人了解工艺玻璃"的初衷,举办了这间教室。

工艺玻璃设计师

  希望能够通过亲手制作烛台、化妆镜这些日常用品,让更多人感受到自己也能够完成工艺玻璃作品,从而和这门艺术更加亲近。让人们明白工艺玻璃并不是可望而不可即的艺术,每个人都能从中享受到创作的乐趣。

  "开始的时候,我认为自己根本没办法在教室里教别人做东西……"真野女士说,"不过在举办教室的过程中,我陆续接触到了各式各样的人,也从中体会到了不少乐趣。"因为大家都是喜欢工艺玻璃才聚集到一起来的,所以自然有说不完的话题。"不少人画了新的图样、做了新的作品,都会拿到教室里来和大家一起分享。每个人的视角不同,做出的作品也千姿百态,有的时候脑子里想象的样子和实际完成的作品截然不同……看着大家兴高采烈的样子,我也觉得特别开心。"

  未来,两个人都决心继续在这间工作室里,将自己一直以来作品的风格保持下去。虽然不知道什么时候能最终完工,但是她们希望用自己亲手制作的玻璃窗户、台灯和大型烛台……装饰nido中的每一个角落。"不管以哪种形式继续下去,我们都会坚持制作工艺玻璃。"听了矢口女士的话,真野女士再次点头赞同。

工艺玻璃设计师　nido

工作室&商店
nido工作室&商店
地址：东京都台东区谷中3-13-16
电话：03-3824-2257
营业时间：11:00~20:00
休息日：星期三
主页：http://homepage3.nifty.com/nido/

设计师履历
2003年　学习工艺玻璃制作的矢口女士、米屋女士，以及矢口女士的老朋友真野女士三人开始共同活动。
2004年　开设工作室&商店、开设工艺玻璃教室。
现在，以工作室互动为中心，制作各式定制作品。

想要成为工艺玻璃设计师
参加工艺玻璃教室和学校，在公益玻璃工坊就职、
也可以自学。
可以考虑网络授课的形式学习，
国外还有专设工艺玻璃专业的大学，
如果想进一步进修，也可以考虑出国留学。

怀旧、有趣、可爱……
每个手包，好像都有着自己的思想一般。
小小的四方形手包上，
描绘的那一幅幅场景，
俨然是一个又一个独一无二的世界！

002

手包设计师
中林舞伊

永不放弃坚持的事业

　　第一次欣赏中林舞伊女士作品时,建议大家最好先从更远处眺望。花与鸟、滑雪场的风景、地铁站的便当包装盒……从琳琅满目的图案中,相信你一定能看到最喜欢的设计。然后不妨走近再仔细观看,你一定会惊喜地发现"这里居然是这样设计的!"那一瞬间的喜悦,仿佛一个小小的谜题迎刃而解一般。从手包的染色、丝网印刷、贴花,到刺绣、最终擦去铅笔印……虽然中林女士谦虚地自称"手艺并不是太好",但是我们却能够从中体会到,为了能够正确地描绘出图案的细节、提高绘图的效率,她一定是选择了最恰当的制作工艺。在手包这片小小的天地间,中林女士将自己旅途中邂逅的景色、无意间瞥见的小小的场景,通过画笔表现得淋漓尽致。

　　从儿时开始,中林女士就是一个喜欢缝纫的孩子,总是喜欢动手做些什么。从上幼儿园的时候开始,她就决定长大以后要从事和绘画有关的工作。"我的母亲是一个喜欢杂货和古董的人,所以我从小就经常被她带着光顾这样的店铺。我的家里自然也有很多这样的东西。我想我的爱好也可能是受到了妈妈的影响。"也许是从小耳濡目染,中林女士高中毕业后选择了美术大学的服装专业。"但是入学之后,我立刻发现我自己对服装世界并不太感兴趣。时尚界的变化速度太快,所谓流行这种东西,完全是在我们不知道的地方被决定的,而我们却又要受到它的左右。而且,服饰行业必须和很多人打交道,否则就做不出好的衣服来。我觉得我想做的事情并不是这样的。"

　　因为有着这样的想法,虽然身为服装专业的学生,但是中林女士在大学时代开始,便热衷于用瓦楞纸箱制作各种物品。例如实物大小的洗衣机、橱柜等,

手包设计师

她都曾经用瓦楞纸制作。快要毕业的时候,她去参加了一个店铺内部装修和布展公司的职业说明会,在那次会上得到了一个重要的启示。"我想做的事情,并不是进入某个公司可以完成的,必须靠我自己做些什么才行!所以,毕业后我并没有去找工作,而是打算自己创业。于是我一边打工一边开始制作自己的作品,希望以后每年能开1~2次的个人展示会。"

毕业后过了很长一段时间,中林女士带着自己的作品来到一家画廊。

让中林女士至今难忘的是，当时的画廊老板非常严厉地批评了她的作品。"画廊老板对我说，'你画的东西根本不行！我看你对创作根本完全不懂！'他当时的言辞非常犀利。在此之前，不管是在学校，还是周围的人，从来都没有如此严厉地否定过我的作品，我当时真的是大吃一惊。我还记得自己一边哭一边从林荫道上走回家的情形……那是一个炎热的夏日，我至今也不会忘记。"

受到了严重的打击之后，中林女士失去了自信。"大约2周的时间里，我觉得自己完全生活在一片黑暗之中。感到苦恼的同时，我也越来越感到气愤（笑）。当时我想，有什么了不起的，画廊这种东西，世界上有的是！我一定会更努力，将来做出一番成就让他看看！结果我不仅没有检讨自己的作品，反而生出了一股干劲。看来我还真是一个叛逆的家伙！（笑）"

因为批评感到失落，如果放弃的话，一切就会到此结束了。想要从事设计制作这个行业，相信自己、坚持下去是十分重要的。"拿我来说，虽然被别人狠狠地批评了，但是勇敢地把作品拿出来给别人看，我认为还是非常重要的。所有的事情都不可能一个人独自完成。世界上既然有表扬你的人，一定也就有批评你的人。遇到这种情况到底该怎么办才好，就全凭自己的判断了。如果想坚持下去，就必须有一股不轻易言败的韧劲。有的时候我会对自己说'你真了不起'，这样自己给自己鼓劲，感觉也变得更有力量了。"

很快，中林女士就迎来了事业上的转机。和她打工的地方有合作关系的一家总商社的工作人员，告诉了她一个面向新人举办展示会的机会。"只要是和时装有关的内容，什么都OK"。中林女士在此之前曾经构想过绘制手包的创意，于是在脑海中浮现出了在一整面墙上挂满手包的景象。"我希望选择布作为素材，形状就选择最简单的四方形。把一个个画好的手包挂在一起，一定能够吸引人们的视线。"结果，在展会上看到她作品的参展商发来了订单，还预付了定金。此后，中林女士的手包还被刊登在杂志上，一跃成为流行话题，想要销售她作品的店铺也越来越多了。但是，在事业发展正好的时候，中林女士却选择在3~4年没有继续拓展她的事业。

手包设计师

"不同的店铺,根据想法的不同,陈列的方法也就不同,让这些手包的感觉也变得很不一样。不少卖家都会要求增加更多的贴补或者增加手包的功能等。但是我的初衷却不是制作功能强大的手包,而是制作能让人们轻松自在地提着上街的作品。而双方之间的差异,也不知不觉变得越来越大。"

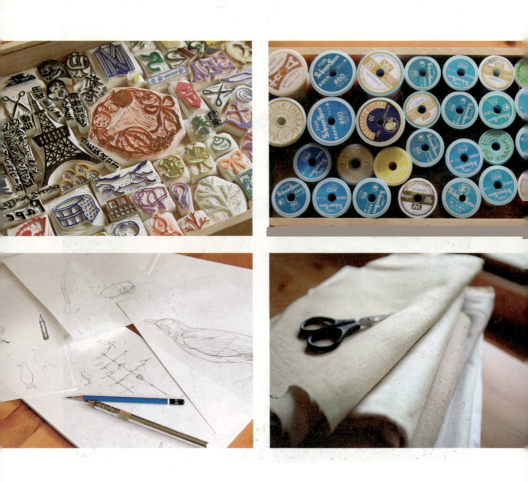

从代销的商店中撤下自己的作品之后，中林女士的风格开始转向个展销售。每年1次的个展上，她都会制作200~300个作品进行销售。和追求销售利润不同，这种形式能够让她按照自己可以接受的方式工作，因此她更倾向这种方法。

"我自己一个人好不容易才开始了这项工作，所以希望能够按照自己想做的方式去做。个展这种形式，能够充分地演绎出空间效果。例如，如果主题是'sleep'的话，我就会绘制很多和主题相关的图案，并且把整个会场都布置成'绵羊'主题。我希望除了我的作品本身以外，观众还能够将空间作为一个整体来欣赏。"有很多人来参观中林女士的个展，这让她感到受到了巨大的鼓励。"有些观众只是打过一两次招呼，也并没有什么深入的交谈。但是每次一看签名册，才知道这次这位观众又来捧场了！也有一些老顾客会拿着我的作品来看展览。有他们的存在，让我心里特别满足。"

最近，除了东京以外，中林女士也陆续开始在京都、仙台、大阪等地举办个展。"近年我在滋贺县也举行了个展。展会上有一位七十多岁的老爷爷前来参观。当他看到一个用竹篮捉麻雀的贴补图案时，忍不住对我说'太令人怀念了！'给我留下了非常深刻的印象。不过当时老爷爷还问'做这个包的是位老奶奶吧？'真是哭笑不得（笑）。"中林女士制作的手包，并不限定于单一的顾客群体，也不只受到有固定偏好人群的喜爱。不管男女老少，每个人看到她的作品，都能够从不同的图案中联想到自己的经历和感受。也许这正是中林女士制作的布包独有的魅力所在吧。"同样的作品，不同的人看到会有不同的感想，这一点让我感到十分有趣。我希望以后一直继续制作下去。我希望自己永远都不要放弃这条路，这也是我选择一个人工作的原因。"

如果自己不给自己留退路、把自己逼得太紧，很容易在作品中体现出负面的情绪。因此，中林女士希望带着责任心工作，并且给自己留下自由的空间。"什么时候都可以做下去……带着这样的心情，细水长流地创作，直到变成老奶奶的那一天……转眼间不知不觉已经过了四十年时间……这就是我所追求的境界。"

布包设计师　中林舞伊

工作室
自宅兼工作室

设计师履历
1975年出生。
1999年　　武藏野美术大学毕业。
　　　　　创立布包品牌"UI"。
　　　　　参加合同展示会。
　　　　　在青山SuperLaru市场举办首次个展。
2002年　　出版首部作品集。
现在，以个展形式为中心制作布包和印刷作品。也进行写作工作。

想要成为布包设计师
在专科学校等学习制革等基本工艺，也有很多人通过自学学成。
可以在销售手工制品的商店，或者服饰行业商店、网上商店、精品店或展会等进行销售。

一个个陶制的圆形、方形、长方形小房子集合在一起，组成了村落和街道的样子。捧在我们手掌上的，是集合了各种陶艺小箱的世界。而这个小世界中的故事，似乎能够传递到世界上任何一个地方。

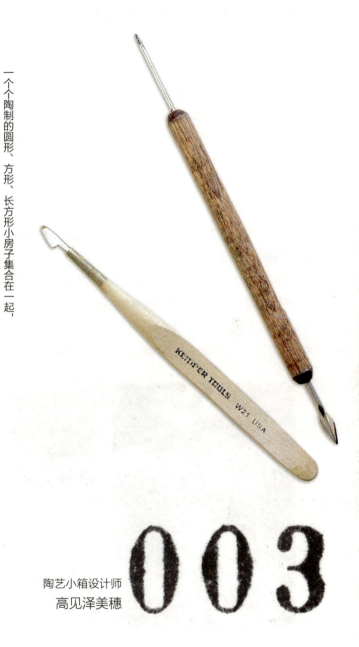

陶艺小箱设计师
高见泽美穗

003

双手制作的小箱中，汇集了重要的情感

这里是茨城县笠间市。从地铁站乘车大约15分钟后，我们进入了位于森林中的一条细长的小路。随着车子不断深入，我开始感到疑惑，这样一条小路的尽头，真的会有人居住吗？就在我开始感到有些不安的时候，眼前却突然闪现出一座巨大的房屋。"地方有点远吧？我还担心你们迷路了呢！"从屋子里跑出来迎接我们的高见泽女士，此时正是怀孕七个月的准妈妈。这座名为"伊藤工作室"的房屋，现在由高见泽女士和身为画家的丈夫，以及身为陶艺家的父母一起居住。

房子里除了高见泽女士的作品之外，还陈列着家族其他成员的很多作品。屋子里配置了非常宽阔的作业空间，还有非常明亮的落地窗。耳畔不住传来鸟儿和小虫的鸣叫，在清新透亮的空气中，让人感到时间正在悠闲地流动。如果说这是一个最适合搞创作的人居住的地方，也一点都不为过。

高见泽女士在美术大学期间选择了陶艺作为专业。说起当时驱使她做出选择的原因，她回答说："高中时代我学习的是平面构成设计方向。但我却对与平面完全不同的陶土这种素材以及立体的世界更加感兴趣。使用黏土来表达，对我来说充满了乐趣。只要手指尖稍稍按压，就能够非常容易地变幻出不同的造型。

那种不可思议的神奇力量充满了魅力。用同样的素材制作出截然不同的作品，也是一件充满乐趣的事情。"

大学三年级的时候，高见泽女士和姐姐的朋友一起开了一家销售陶器的商店。在这里主要出售认识的设计师或前辈、朋友们制作的作品，同时也开设陶艺教室。

"大学毕业以后，就一直将店开了下来，从来没有想到过到哪家公司去找工作。虽然当时心里也不敢百分之百肯定，但总觉得只要一直坚持进行创作，接下来自然而然会找到适合自己的道路。"

原本打算一直经营下去的店铺，最终还是不得不放弃。起因是由于高见泽女士遇到了现在的丈夫，结婚后夫妇二人一起搬到了笠间居住。"当时究竟要不要放弃这家店铺，我曾经一度特别迷茫。虽然把店关掉并不复杂，可是如果想要重新开起来，就不是一件容易的事情了。可是转念一想，如果真的非常想再继续的话，即使经过了一段岁月，大家还是能够聚集到一起，还是能够做出些事情来的。经过了一番商议，最终还是决定关闭店铺。"

高见泽女士是土生土长的东京人，刚开始来到笠间，住进和大城市环境完全不同的工作坊的时候，感觉这里有些太过寂寞。

不过，随着逐渐适应这里的生活，高见泽女士对这个地方的印象也开始发生了改变。"在东京，要感觉季节的变化，最重要的标志就是商场的橱窗和不同的打折季。我从小到大都是那样生活过来的。而在这里，我确实用自己的皮肤亲身感受着季节的变化。开始耕田的时候到了、山野菜收获的季节到了，果实丰收的秋天到了……这样真实的生活方式，反而让人觉得非常愉快。"

因为心无旁骛，所以这种感觉变得更加透彻，整个人也仿佛回到了小孩子般的状态。觉得自己的感情也变得更加充沛了起来。而这样的感情也给高见泽女士的创作过程带来了影响。

高见泽女士开始以房屋作为蓝本，制作陶制的小箱，便是来到笠间之后的事情。在此之前，她的作品风格完全不同，主要偏向制作大型作品。"制作大型作品，整个过程都像在打仗一样。所有的操作过程都非常繁重，非常累人。很长时间内我一直在创作那样风格的作品，不过一直想制作一些风格更加温和、亲切的作品，最好是能够捧在手掌上那样的大小。"在选择主题方面，高见泽女士希望表达当时对她来说最重要的东西，于是就选择了"家"作为创作的主题。

"住在东京的时候，因为一直开店，所以在家度过的时间特别短。对自己家的执着和关心相对就比较淡薄。但是搬到这里之后，从早到晚都生活在家中。不管是创作还是日常生活，都是在这间房子里进行的。所以现在和以往不同，家对我来说成为了非常重要的存在。"

对于高见泽女士来说，"家"就是汇集了所有喜欢的东西、重要的东西的场所。而能够开合的小箱子，也有着收藏重要物品的作用。高见泽女士将这两个概念重合在一起，制作出了房子造型的小箱系列。正方形的房子、圆弧形的房子、黑色墙壁蓝色屋顶的房子……每一个小房子的颜色和形状都各不相同。

"由于这些作品都是在手掌中完成的，所以每件作品感觉都像我的孩子一样。我总是感觉它们像是有生命一样。有的时候我也会遇到缺乏灵感的时候，每当这时，我都会从大自然中收集灵感。也正是因为如此，我的作品并不是那种看上去非常可爱的风格。即使是男性，也能够非常轻松地接受。在男士们有些'煞风景'的房间中，摆上这样的装饰品，也是相当不错的选择。"

　　现在，高见泽女士的作品在笠间的1家店铺及东京的3家店铺中出售。除了小箱子之外，她也制作浮雕和纽扣、首饰等作品，并且会定期举行展示会。高见泽女士认为"现在的工作状态非常好，能够跟生活有非常好的平衡"。

　　而造就这些的基础，正来自家人的支持。

　　"我们家中的四个人全都是搞创作的，相互之间有着非常深入的理解。尤其是父母的存在对我有着非常重要的影响。两位长辈都是陶艺家，现在仍然非常活跃地在进行各种创作活动。他们既制作器皿，也会制作大型的装置艺术作品。每次我看到他们工作的身影，都会觉得他们特别了不起，在尊敬的同时，也会勉励自己，作为年轻人，应该更加地努力才对。"

　　常年从事创作活动的父母，对于高见泽女士来说，就像是指路明灯一样的存在。"对我来说，所谓的创作人生，就应该像他们一样。我也希望能够像他们一样生活下去。"有着这样的指南针一样的人物存在，高见泽女士感到受到了巨大的鼓舞。

　　而高见泽女士的丈夫，正是父母的培育出的弟子。如果遇到忙不开的时候，他们会非常自然地相互帮助，因此不管是工作还是生活，家中的任何一个人都不会感到有负担。"我和我的先生会针对对方的作品给出意见，我和他之间不会说假话，是最能够给出值得信赖的意见的人。"

陶艺小箱设计师

高见泽女士的作品,正是这样充满了温和、亲切,收藏着最珍贵物品的小屋。而作品的风格,正是日常生活氛围最自然的体现。在她的作品中,这种风格得到了重现。在这个将工作和生活自然融合到一起的幸福的居所中,马上就将有一位新的家庭成员诞生!相信会给这里增添更多的幸福!

陶艺小箱设计师　高见泽美穗

工作室&商店
工作室：伊藤工坊
地址：茨城县笠间市本户6097-1
电话：0296-74-4035
主页：http://www.takamiho.com

设计师履历
1974年生人
1999年　女子美术大学研究生院 陶艺造型专业结业。
　　　　从上学期间开始经营陶艺商店及陶艺教室。
2002年　在笠间的森林中，完成了户外装置艺术作品
　　　　"来自土地的记忆"。
　　　　此后定期举行个展和团体展览。
现在在伊藤工坊继续抟创作，并以个展和展会为主进行
活动。

想要成为陶艺设计师
不需要特殊的学历和资格，可以在专业学校或职业技术
学校，学习陶艺技术或陶艺设计。
可以通过陶艺专卖店、画廊、个展、主页等方式进行作
品销售。

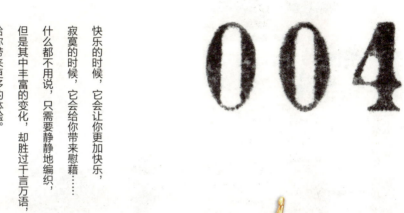

快乐的时候，它会让你更加快乐，
寂寞的时候，它会给你带来慰藉……
什么都不用说，只需要静静地编织，
但是其中丰富的变化，却胜过千言万语，
给你带来更多的体验。

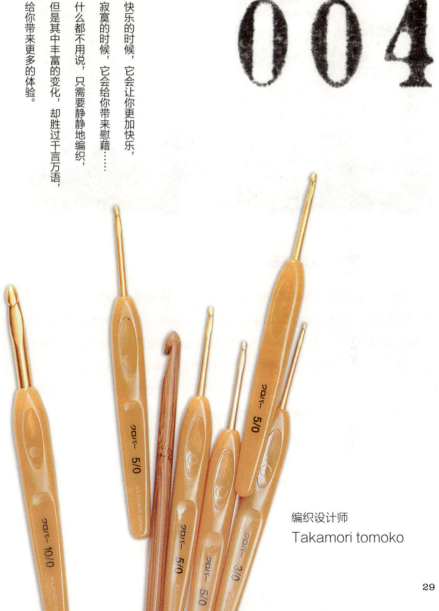

编织设计师
Takamori tomoko

珍视自己的爱好,就能实现一切!

在此之前,我从来没有见到过任何一样东西,能够将"可爱"一词表现得如此活灵活现。但是,当我看到Takamori tomoko女士编织的作品的瞬间,我能够想到的表达,却只有"可爱"这一个词语!在毛线团中央,坐着非常可爱的编织小猫和小熊,风格与众不同的编织小老虎;会动的小狗玩具身上,也穿上了她编织的毛衣;还有从一件编织玩具的肚子里,能够拿出另一件玩具的滑稽而又可爱的作品。不管哪一件作品,当你见到它们的瞬间,就能从中感受到属于Takamori女士独特的个性。

今天的Takamori女士,被誉为日本"编织界第一人"。不过在此之前,她曾经在很长一段时间内,从事着插画作家的工作。"那时候编织只是我的个人爱好。最初接触到编织,是在我19到20岁的时候。当时我看了戈达尔的电影《狂人皮埃罗》,特别喜欢电影中安娜·卡里娜的那只黑色编织小狗。我跑了好几家店铺,可是都买不到类似的款式。于是就决定自己亲手织一个!"

编织设计师

因为头脑中牢记着小狗的形状,所以她并不需要参考编织图。"随着编好的部分越来越多,小狗的形状也越来越清晰,就好像制作雕塑的过程一样,非常有趣。即便哪一部分不太成功,我也会很快发现并立刻改正过来。所以就算失败了也不会气馁,反而对我更有帮助。虽然我是第一次用钩针编织东西,但是钩针用起来却一点障碍都没有,很快就用得非常熟练了。"

而这段时间,正是Takamori女士的插画工作遇到瓶颈的时期。当时,她感觉绘制插画无法完全地燃烧心中的热情,总感觉好像缺少了一些什么似的。"我认为自己可能不太擅长插画工作,因为不管怎么画,总是无法让自己满意。每次看到别人画的插画,总觉得特别漂亮,可是自己画插画的过程,却让我感到相当痛苦。当时我非常想结束插画师的工作,可是又不知道自己除此之外还能够做些什么。而就在这时,我遇到了编织。比起画插画的过程,我感觉自己在编织的时候更加得心应手。"

一次，Takamori女士偶然间向朋友提起自己正在编织东西。于是朋友便介绍了一位泰迪熊设计师给她认识。"认识了这位设计师以后，我试着编织了一些泰迪熊，并且放在他的店里销售，没想到获得了出乎意料的好评。那之后有一次参加编织活动的时候，遇到了一位出版社的编辑，问我想不想出一本编织方面的书。"借此机会，Takamori女士出版了第一部编织作品。在当时，人们对"编织"这门艺术本身还没有现在这么熟悉。"每次我在向别人介绍自己是一位编织设计师的时候，得到的反应大多是'什么是编织？'因为当时我也是刚刚起步，感觉让别人了解这门艺术本身也并不容易。"于是在编织作品的同时，Takamori女士也开设了编织教室。

"即使进展缓慢也没有关系，我希望能够让各种各样的人都能够接触到编织这门艺术，于是便开设了编织教室。我除了本人喜欢编织之外，也有着非常强烈的愿望，希望更多的人都爱上编织。当时感觉自己就像编织艺术的传道士一样（笑）。看到喜欢编织的人越来越多，对我来说是一件非常值得高兴的事情。"

在编织教室和学生们接触的过程，与独自一人制作作品相比，又有着一种

截然不同的快乐。"我曾经听一个学生讲,她亲手制作了一个编织娃娃,送给一位因为生病而辞去工作的朋友。没想到朋友收到礼物的时候,竟然感动地流下了眼泪。听到这样的故事,我也感到特别高兴。虽然我不能亲手治愈别人的疾病,但是我制作的作品却能给别人带来慰藉。而通过编织教室的学生们,这样的喜悦能够传递到更多我不知道的地方去,这让我感到非常幸福。"

Takamori女士制作的编织玩偶,有着非常可爱的特质。而这种可爱的感觉,也会反映出看到它们、拥有它们的人的心情。结束了一天的工作以后,拖着疲惫的身躯独自回到家里的人,看到自己房间里的编织玩偶的瞬间,会感到好像松了一口气一样放松了心情。当心情放松下来,它们看起来就会变得更加温柔。"这些编织玩偶好像在对它们的主人诉说'请你一定要永远爱我!'而它们脸上究竟有着什么样的表情,也会根据拥有它们的人的心情而产生变化。在高兴的人眼中,也许它们在微笑;在伤心的人眼中,也许它们显得非常寂寞。像这样能够蕴含感情的人偶,正是我想要制作的作品。如果你能够永远地爱护它们,相信它们在你眼中也会变得越来越可爱。"

尽管如此,将编织作为事业,也并不是一件轻松的事情。遇到工作忙的时候,除了吃饭、洗澡、去洗手间之外,Takamori女士几乎一天所有时间都在不停地编织。"遇到那种时候,我也偶尔会抱怨,不知道自己到底在干什么。不过转念一想,不管什么工作,都不可能很自由。"作为自由职业者,心里必须明白,只要继续这样的工作方式,明天就是不可确定的。不会改变的,只有过去和当下而已。

"我也一度对这样的工作方式感到不安。不过那样的时期已经过去了。我认为不安的状态是一种对时间的浪费。因为不管怎么担心，不安感也不会因此消失，反而会不断放大。如果想着'我除了编织一无所有'，就容易钻牛角尖。相反，如果对自己说'还好我还拥有编织'，简单的一句话就能够让自己产生自信，整个人也变得更加强大起来。就连生病的情况都很少发生（笑）。如此一来，整个人就会变得越来越轻松。"

只要想做的话，不管什么东西，都能够用毛线做出来。Takamori女士有着非常强烈的自信。"只要是我自己喜欢的东西，我全部能够用毛线诠释出来。有了这样的念头，我就能在这条路上走得更远。在我日常生活中所有的物品，基本上都是用毛线编织成的。而且我也从日常生活中得到了不少灵感。"最近，Takamori女士正在专注用毛线表现日式风格。相信不久之后，我们就能够看到充满日式传统风格的、用毛线制作的晴天娃娃，相信一定会别有一番风情。

"不管是西式的还是日式的，我喜欢的东西都有一个共同点，就是可爱的颜色和优雅的气质。比如纸质的老虎，我也觉得非常可爱。我对这些过去的玩具很有兴趣，以后希望能够用编织的玩偶拍一部动画片。虽然实现起来非常困难，但是如果能够美梦成真，我一定会感到非常满足。"

到今天，Takamori女士从事编织工作已经过去了十多年的时间。而最近，她却又产生了想重新捡起插画的念头。"虽然手法已经生疏了很多，但是每当画出一些东西之后，心情也会变得喜悦起来。可能是年纪大了，想法也跟着变得越发温和了起来吧。以前我一直坚信自己不擅长插画，可最近我却总是想，即使画得不好也没有关系。只要付出了自己的努力就足够了！"

不管从事什么工作，都有其"辛苦"和"喜悦"的部分。不同的地方的在于，工作中的"辛苦"对于自己来说，究竟是没有关系，还是无法承受。"对我来说，只要是自己喜欢东西，不管多么辛苦也没有关系。我正是因为从一开始就喜欢编织，喜欢编织的过程，才能够开始这项事业。我想，只要能够珍视自己的爱好，自然而然就能实现一切！"

编织设计师

编织设计师　Takamori tomoko

工作室

住家兼工作室

主页：Takamori tomoko amigurumi
　　　http://amigurumi.net

《阿福日记》（幻冬出版社网络杂志）
http://webmagazine.gentosha.co.jp/fuku-chan/fuku-chan.html

《Takamori tomoko编织课（大部分刊载于日刊1101新闻）》
http://www.1101.com/takamori/index.html

设计师履历

1986年　作为插画作家活动。
1993年　开始作为编织设计师活动。
1994年　出版第一本编织作品集。
现在主要工作包括出版编织作品集、担任文化中心讲师、设计制作企业卡通形象等。除编织作品外，同时制作服装饰品。

想要成为编织设计师

通过阅读编织基本技法书籍，掌握最基本的制作方法。
销售方面，可以在出售手工作品的商店或个人网站进行。
很多人将编织当作个人兴趣，
但作为专业设计师的人很少。
拥有独特的原创性至关重要。

自己动手制作物品，
无论是什么都能用双手做出来。
从生活当中，
灵感自然而然地迸发出来，
只要坚信不疑，
一直坚持动手制作，
在不知不觉中，
便成为了做手工的设计者。

手工工艺品设计师
小山千夏

005

"为了某人做些什么"的心情，是设计制作的原点

布料、皮革、木材……手工工艺品设计师小山千夏，喜欢使用各式各样的材料来完成作品。她的作品范围非常广泛，从包包、拖鞋等日常生活中常用的物品，到大件的物品应有尽有。在创作的同时，她还进行着店内展示设计、生活用品设计以及商品开发相关的工作。也经常从事文章写作和摄影活动。现在由于孩子年纪尚小，所以工作量减少了一些，不过即便如此，每年还是会通过几次个人作品展来发布全新的作品，以此作为目前设计制作的主要方式。

小山女士的全部生活，都与设计制作紧密地联系在一起，但同时她也很好地扮演着母亲的角色。很多人都对她的这种生活方式感到非常羡慕。但是小山女士本人却认为一切只不过是顺其自然而已。"最开始的时候，我并没有刻意希望有一天能有现在的结果。只不过是做着做着，不知不觉地就成了今天的样子罢了。"小山女士苦笑着说。

最开始，小山女士曾经在服装品牌公司中担任店铺橱窗展示和设计方面的工作，但是用她自己的话说，"总是觉得自己的性格和在公司就业融合不到一起"。她说，"辞职以后我才发现，自己对在公司中的工作根本没有任何兴趣。每天在同样的时间到同样的地方去上班，跟我的个性实在和不来，身体状况也因此变得很差。但是辞职以后，身体立刻就变得特别健康（笑）"。

当时，对于工作，小山女士的心情一直很矛盾。"当时我的工作并不是用双手创作什么东西。但是我却一直想从事这方面的工作。我认为所谓的工作，必须能够满足本人的意愿才行。如果我把创作当做工作，在工作中就不会像原来那样积累很多压力了。"于是她下定决心向绘画方面发展，便辞去了原来的工作。那个时候经济环境还比较好，每周只要打三四天工，就足够支付生活所需了。

"但是，很快我便发现这样的生活也无法持续下去了。正在我觉得不能再这样继续下去的时候，我原来公司的同事给我看了一位住在叶山的手工工艺设计师永井宏写来的一封信。当时他的一间新画廊刚刚开业，正在寻找一位助手。看到信的瞬间，我就决心一定要试试看！在此之前我甚至连永井先生的面都未曾见过。"

在这间名为日落画廊的工作室，小山女士一直工作了五年的时间。"那里和一般风格严肃的画廊不一样，是一个十分开放的场所。在那里我遇见了不少人，周围的朋友也变得越来越多了起来。不过和现在相比，那个时候的叶山更像农村，交通非常不方便，去画廊参观的人数量也不太多（笑）。"

因为画廊里支付的工资不多，所以小山女士自己也会亲手制作一些作品，放在画廊里销售。开始了创作之后，小山女士会一边看店，一边趁着空闲的时间，开始用铁丝制作一些小工艺品。"做着做着，开始有一些杂志来介绍我的作品，也有一些其他的店铺希望出售它们，不知不觉中，我也就成了一位设计师。所以说，在成为设计师的道路上，我好像不属于那种付出巨大努力的人，我只是在不同的时期，尽力做到最好而已。不过，在日落画廊中工作的5年时间，对我来说是一段十分重要的时光。在这里认识的人、度过的时间、共有的空间，对我来说都非常珍贵。毫无疑问，这里好像成为了我的大本营一样。"

从那个时候开始直到今天，对小山女士而言，始终没有改变的一点，就是"制作能让生活变得更美好的作品。""我在大学的时候，专攻现代美术方向。那个时候曾经尝试过制作立体或影像作品，但是所谓现代美术，首先需要有明确的创作理念。但是太过强调理念，自然也会有相应的反作用。从实用的角度来说，我非常喜欢现代美术作品。但是就个人创作而言,我却并没有选择现代美术风格。"

小山女士希望自己创作的作品,并不是那种只能摆在展会上的艺术作品,而是能够融入人们的日常生活,让生活变得更加愉快的作品。"我希望我的作品,不是那种只能吸引美术爱好者特地跑到展会参观的类型,而是普通人看了之后,也会觉得非常愉悦、非常有趣、非常实用的作品。所以我的设计理念也好,风格也好,都是从这个角度出发,自然而然形成的。"

小山女士的创作灵感也来自日常生活。她经常到处寻找适合的创作素材。不过有的时候常碰到这样的情况,找到的素材不能马上拿来使用,而想好了某个作品,却找不到合适的素材。"曾经有好几年时间,我都处于这种状态,明明已经躺下睡了,脑子里忽然想到某个可用的素材,于是立刻从床上跳起来。另外,一连跑几家店都找不到合适素材的情况也是家常便饭。我非常喜欢到处去收集可以用来创作的素材。对我来说,能亲手做些什么东西,是非常重要的事情。从小的时候开始,我就特别喜欢这样做,直到现在这个习惯也没有改变。"

找到了合适的素材,经过反复的失误和修改,逐渐成就了作品的形状。

在创作的过程中,她总会不断思考着各种可能性,充分地享受着创作的过程。"原本想好了做这样的东西,但做着做着才发现,还是那样做更好。这种过程我觉得非常有趣!我个人不喜欢总是重复做同样的东西。有的时候做了好几个,最后发现还是最初做的效果最好。就算想做出一模一样的东西,到最后还是会发现总是有一些不一样的地方。"

只要是能够做出来的东西,小山女士都希望用自己的双手来创作。"过去的人不都是这样吗?我的母亲就是这样,我们日常用到的一切,她都能自己做出来。我想我的创作灵感非常接近这种感觉。不过,自己的衣服和孩子的衣服,当做兴趣来制作当然没有问题,但是如果作为工作来做,最终需要供其他人使用,就一定要考虑到作品完成度的问题。"

有了孩子以后,小山女士现阶段的工作,都尽量安排在夜晚的时间段进行。周围经常有人问她"有了孩子以后,创作作品的想法有没有发生改变?"对此,小山女士表示,自己认为没有发生任何改变。"只不过在创作的时候,心里总是想着,千万不能做出让孩子失望的作品来!所以就要更加努力去做!不管是作品,还是创作的态度都要更好才行。"能够为了某人做出些什么的想法,成为了她创作的原动力,也真实地反映在了她的作品之中。

手工工艺品设计师

"即便我设计的作品的对象不是孩子,在创作的过程中,我心里也总是会想着,自己正在为什么人进行创作。我想大部分的设计者,他们的设计动力,都不只是为了自己一个人而已。"心里想着在为某些人作着某样东西,能让人更加努力,也会更多地去思考如何才能做得更好。

"创作的过程和思考的过程是不可分割的。如果能够深入地了解自己真正喜欢什么,对创作的过程来说无疑是一件好事。因此,对于自己喜欢的东西、自己想表达的情绪,应该尽量仔细地去思考。这样一来,才能够不轻易妥协,一直将创作持续下去。我想所有的工作应该都是如此,花上十年的时间才能慢慢看出成果。如果是自己真心喜欢的事情,我想努力十年的时间,应该不成什么问题!"

手工工艺品设计师　小山千夏

工作室
自宅兼工作室

设计师履历
1963年出生
1985年　多摩美术大学毕业
　　　　　进入服装品牌工作,辞职后开始绘画创作。
1992年　开始在日落画廊担任助理工作,
　　　　　开始创作手工艺品。
现在一般照看孩子,一边制作作品,同时进行写作和摄影工作,定期在旧书店举行作品展示等活动。

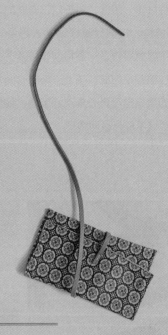

想要成为手工工艺品设计师
"手工工艺品设计"涵盖的范围非常广泛,有的人进行绘画创作,有的人制作造型艺术作品,也有的人像小山女士这样制作日常用品等的。不同的人会有不同的表现方法。根据想创作的作品的形式,需要面对的问题和未来的发展方向也各不相同。

006

陶艺师
古角志奈帆

走在街上,最爱做的事情,
就是到古董店随意逛逛。
每当此时,灵感就会喷涌而出。
心中立刻会构思出作品的形态,
之后再亲手实现。
这份令人怦然心动的情怀,
不管过去还是现在,都未曾改变。

身为陶艺师之前，首先作为一位女性享受生活的美好

让人感受到欧式风情的花朵图案的碗碟，镶嵌着贝壳的花瓶……古角志奈帆女士的陶艺作品，给人一种古董般独特的温和印象。古角女士大学期间专攻陶艺专业，现在作为陶艺师活动的同时，也担任陶艺教室的讲师。

从很早以前开始，古角女士就十分钟爱古董和化石，小时候最爱的就是玩泥巴。现在想来，可能从那个时候开始，便已经显现出了作为陶艺师的潜质。"高中的时候，我的梦想是成为一名玻璃工艺品设计师。我非常喜欢艾米里·加利（Émile Gallé）的作品，大学的时候也选择了玻璃工艺专业。但是，后来我才发现，我的个性比较随性，实在不适合制作玻璃工艺品。"

玻璃工艺品虽然看上去非常优雅，但事实上制作的过程简直像打仗一样，必须在玻璃冷却之前尽快绘制图案、完成造型。而古角女士希望的创作方式则是"按照自己的节奏，慢慢地完成作品"。于是从大学二年级开始，她转向了陶艺专业。在这里，她开始学习素烧陶器的技法，但后来才发现，素烧陶器基本属于男性的世界。一旦确定了门派，风格和技法便受到严格的限制，并且沿袭了自古以来传承的学徒制度。而自己却希望能够创作技法更加自由随意的作品，于是便开始寻找其他的道路。

不过，古角女士却从来没有考虑过从事陶艺师之外的工作。"我从来没有考虑过，自己到底适不适合成为陶艺师，或者担心生活如何维持……我的父母对我喜欢的事情也相当支持，这一点我由衷的感谢！"

毕业之后，古角女士来到了东京，在机缘巧合之下，来到了现在工作的陶艺教室。每周两次担任讲师的同时，也开始了作为陶艺师的活动，并且在陶艺教室内设置了一个小小的工作室。"陶艺教室的老师们，向我传授了作为陶艺师必备的基础知识。不仅限于工艺方面，还包括了心理准备方面。因为当时的我刚刚大学毕业，不懂的事情还很多，有的时候会非常生气甚至掉眼泪。不过，这里的老师们非常有耐心，像对待自己的孩子一样为我提供帮助，我真的非常感谢他们！"

陶艺师

想成为一名陶艺师，拥有一个近距离实习的环境，能够为职业生涯大大加分。"我想周围的环境给我提供了很大的帮助。除了制作的技巧之外，在陶艺教室里，我接触到了各种各样的人，和他们交往的过程，对我来说也是极其宝贵的经验。每周工作两天的频率对我来说也非常理想！"

陶艺师需要关起门来进行创作，所以生活很容易变得非常单调。但是，作为创作者，投入时间进行创作又是必不可少的。"在这里工作让创作和教学二者之间能够达到完美的平衡，让两种角色都充满了乐趣。而且陶艺教室里的学生们也总是面带笑容，在和他们接触的过程中，我自己的笑容也自然而然地跟着多了起来。

当然，在创作的过程中，也难免有一些因为遇到困难而流下眼泪的时候（笑）。不过所幸的是，我在这里遇到的都是非常善良的人。直到现在，我每天都会强烈地意识到，对周围的人怎么感谢都是不够的。"

除了创作自己的作品之外，经常观赏其他人的作品，对古角女士的创作也有相当大的激励作用。每当时间充裕的时候，她就会到画廊或古董市场去采风。"每当看到喜欢的东西，我总是喜欢用自己的风格来进行诠释。以前，我比较喜欢亚洲风格，不过渐渐地，我感觉它们有点过于简洁，所以现在的作品风格变成以欧式风格为主。我想这也是在无意间，受到了周围环境中流行趋势的影响。不过事实上，我本人对流行却并不那么敏感。"

古角女士是一个善于思考的人。她坚信制作陶艺品会让人们的生活变得更加愉悦。"并不只是单纯地观看，使用感才更为重要。因此我经常会思考，如何才能制作使用起来更加方便的作品。我创作作品并不只是为了满足自己的需要，还必须让使用的人也获得满足才行。"

这样的观点在创作的过程中经常会带来困扰。"有的时候想要追求原创的效果和趣味性，但这些因素却不利于实际的使用。但是如果只重视实用性，做出的作品就会千篇一律，没什么创意。这两点让人非常难以取舍。为了做出既具有创意又兼顾实用性的作品，真的需要花费不少心思……"在这个过程中，她意识到了只有花费心思去制作，得出的成果才会具有更高的品质。尽管有的时候，也会碰到特别挑剔的顾客，但是作为职业陶艺师，一定不能因此就轻易妥协。

"从事陶艺工作，体力关系到工作的成败。在举办个展之前，一心想要尽快完成作品，需要彻夜连续工作，整个人累得摇摇晃晃的日子不在少数。如果遇到参加百货公司展示会等活动，还会有其他的"痛苦"。因为从一开始就定好了销售目标，总会觉得责任重大，心理上也会承受巨大的压力。"

"遇到这种情况的时候，告诉自己应该更加努力，会对我起到很

陶艺师

好的帮助。因为比起痛苦的方面，工作中愉快的部分还是占绝大多数的。亲手制作自己喜欢的东西，遇到喜欢它们的顾客，用赚来的钱再去买自己喜欢的东西或参观自己喜欢的展览，用这个过程中得到的灵感再制作出新的作品……我想这应该是在工作过程中最理想的良性循环方式。"

古角女士的创作灵感总是源源不断，几乎从来没有遇到过缺少灵感的时候。"不过，陶艺这门艺术，作品真正成型是非常困难的。即便有一百种灵感，大概只有十种能够真正成型。在最终成型的过程中，需要长时间的等待，失败的可能性也非常高。但是，从一个最终成型的创意中，却能够无限地产生出各种作品。这个过程虽然让人忐忑不安，但有的时候也会有超乎想象的喜悦。正因为有了这样的瞬间，才让人对它欲罢不能。"

除了制作陶艺之外，古角女士也非常喜欢烹饪，喜欢各种盛放菜肴的器皿。她也很喜欢花草植物等有生命的东西，经常会根据自己喜欢的想法，去制作餐具或花瓶、花器等作品。

"除了制作陶艺本身之外，介绍它们用法的过程也非常有意思。我经常会用自己制作的作品，摆上食物后拍成照片，然后发表到博客上。每次的反响都超乎我的想象。感觉和大家有了互动，而不是我一个人自说自话，这个过程真的是非常愉快！"

以陶艺师的身份开始工作，至今已经过去了七年。"现在想来，走上陶艺师这条道路，真的是百分之百正确的选择！"不过令人意外的是，古角女士却表示，自己对陶艺师的身份并没有过分的执着。

"我认为在做陶艺师之前，首先应该作为一位女性享受生活的美好。所以我也希望以后能够结婚生子，如果我的先生和孩子能够喜欢我的作品，对我来说一定是非常喜悦的事情。将来如果家庭生活或养育孩子非常忙碌的话，即便暂停手中的工作也没有关系。对我来说，我并不像勉强地硬着头皮，一定要作为陶艺师坚持工作。对我来说，养育孩子的过程，从某种程度上也是一种创作的过程。既然作为女性来到这个世界上，我认为就应该充分享受作为女性的快乐和喜悦。"

不强求、顺其自然、充满女性魅力。

相信古角女士一定能将自己的生活和创作都经营得恰到好处。

陶艺师

陶艺师　古角志奈帆

工作室&商店

工作室：祖师谷陶房

地址：世田谷区祖师谷6-3-18

电话：03-5490-7501

主页：http://www.soshigayatohhboh.jp

Blog: http://cina.exblog.jp

Webshop 陶工房 http://www.toukoubou.co.jp

　　　　日式杂货店 翠 http://wazakkasui.com

　　　　K's Table http://ksatble.jp

设计师履历

1977年出生

2000年　仓敷艺术科学大学陶艺专业毕业。
　　　　赴东京，开始陶艺家活动。
　　　　在陶艺教室担任助理工作。

2001年　举行个展及团体展览。

2006年　开始担任祖师谷陶房的讲师。

现在以个展为主要活动形式，主要制作餐具、花器、小装饰品等作品。同时持续讲师工作。

想要成为陶艺师

不需要特殊的学历和资格证，最好在专业学校或职业学校学习技术及设计课程。

想要成为像样的陶艺师，至少需要5~10年的进修时间。作品可以通过陶艺专卖店、画廊、个展、网店等形式进行销售。

花朵本身只是一种素材，
然而通过花朵与人发生关联，
为某个人设计花束的过程，却令人感到十分愉快。
也许正是因为如此，
我才选择了这份工作。

007

花艺设计师
平松美加

站在送花人、收花人的立场，去思考花束的设计方案，这样的操作过程比任何事都更有乐趣！

"十八岁生日那天，当时交往的男朋友送给我一束用白色满天星配红玫瑰的花束。当时，我觉得这样的组合简直太漂亮了，心里别提有多高兴了。直到现在，我还经常想起那束花。"

以自由花艺设计师身份活动的平松美加，作品以婚礼花束为主。从高中时代开始，她就有很多机会接触花朵，比如帮周围花店的老板制作花束，或者给课外小组的学长制作花束，等等。当时的男朋友每次遇到特殊的日子，也会赠送花束作为礼物。"选择适合的花朵送给别人是一件非常开心的事情。当然收到别人送的花束，手捧着花束在街上走的时候，感觉也特别幸福。不知为什么，我和花朵之间有一种自然而然的亲切感。不过最初并没有对花朵有什么特别的喜爱。"

大学时代平松女士开始在花店里打工。也许这成为了她日后选择花艺设计师这条职业道路的一个契机。"我当时在美术大学学习绘画专业，同时找了一份染色方面的工作打工。因为很多染色工作都是以花朵为蓝本的，所以便产生了到

花艺设计师

花店打工的想法。我认为想要把花朵画得更好，就需要更加仔细地观察花朵的细节。如果在花店打工的话，一定能有机会拿到卖剩下的花，就能更好地观察了。"当时，她常去的花店正好贴出了招聘的广告，她立刻就飞奔了过去。当开始了在花店的工作之后，平松女士产生了这样的想法："花店的工作真是不赖啊！"

"当时我们的花店距离批发市场很近。花朵都是有生命的，因此新鲜度至关重要。每天清晨，老板就会到批发市场去进大量的鲜花，然后去掉多余的叶子，迅速给鲜花洒水，对速度有极高的要求。制作花束的过程也是如此，绝对不是一份慢条斯理的工作。在我眼里，作为这样的专业人士非常有型。从一开始，我就觉得经营花店的工作和我的性格十分合拍。"

事实上，有很多人因为喜欢花朵，想学习花艺设计，但是进入花店实习之后，却发现原本的想象和这份工作的实际情况之间存在着很大的差距。

"这份工作绝不属于那种风光的工作。手经常被花的刺伤到，沾到水就会特别疼，有的时候甚至连纽扣都没法扣。但是，如果不做这些基础的工作，最终就无法展现出花朵的美丽。"

"必须根据花朵的种类,选择适当的基础处理方法。因此对不同花朵的特性都应该详细地掌握,否则就做不成合格的花艺设计师。"

了解了花朵的特性,然后构思花朵的组合,则是充满乐趣的过程。在制作花束的时候,就像画画或穿衣服一样,需要考虑到色彩的搭配。

"我打工的地方就是小区里一间很普通的花店,周围的阿姨们随时都可以来买花,不会有任何负担。看我亲手制作的花束,能够直接得到顾客们的反馈,也是一件很有意思的事情。客人们会直接告诉我他们的意见,例如这里如果用这种花会更好、那种感觉好像有些不搭之类的……我就这样一边跟顾客们直接沟通,一边不断改进我的设计。"

当工作持续了一段时间以后,平松女士积累了经验。只要和客人说上几句话,就能够充分地了解到对方到底需要什么类型的花束。通过对方的衣着、手拿的物品、说话方式和表情等语言之外的因素,就可以判断出客人的喜好。

"个人来讲,我并没有特别固定的思维模式,例如某种花朵只能制作某种风格的花束。我选择花朵的方法,只是判断这位客人适合这种颜色,所以最好选择这种"花朵"……我认为重要的是,使用花朵的时候不要有过多的刻板印象。"

"在我眼中,花朵只不过是一种素材而已。就像制作衣服的时候,还需要搭

配胸针、纽扣等其他元素是同样的道理。"

能够直接和顾客面对面沟通,能够亲手为别人制作花束,平松女士十分喜欢这样的工作。"我很喜欢这样的工作方式。也正因为如此,现在偶尔为杂志工作的时候,对方会要求'请用这种花朵作为素材随意发挥想象吧!'每次遇到这种情况的时候我都会特别困惑,脑子里的想法也都消失殆尽。就我个人来说,一般都需要直接听到对方的需要,才能更顺畅地设计出适合的花束。即便对方刻意出难题,我还是希望能够和客人直接面对面地交流。"

最终,好像命运使然,平松女士选择了以设计婚礼花束为主的工作。结婚典礼上的花束,是一辈子只有一次只为新娘设计的花束。在从事这项工作的过程中,平松女士有了这样的感想"在和客人沟通的过程中,我总会考虑到对方没有说出口的、内在的性格特征。总是会想象,说不定对方是这样的人……这种想象的过程非常有趣,是不是有点像占卜师的感觉呢(笑)?"

"事实上,这样的判断也不仅仅靠直觉和感性来完成。除了新娘的发型、妆容、婚纱的款式之外,还需要考虑到仪式现场的墙壁、地板的颜色,灯光的色调。另外,根据婚礼举行时间定在上午或是下午,还要考虑到自然光的照射程度等因素。必须经过周密的计算,才能得到较高的完成度。"

平松女士说，这些都需要常年经验和技术的累积。

在二十多岁的时候，平松女士曾经在花艺学校学习过5个多月的时间。当时她认为，如果想从事和花艺有关的工作，最好还是能获得必要的资格证。

"不过事实上，按照给定的题目制作，真的一点儿意思都没有（笑）。学会了基本的技术之后，剩下的部分我选择了自由地进行发挥。当时的老师也肯定了我的想法。进行花艺设计，的确有一些必须掌握的基础部分。然而，如何发挥这些基础技能，就要依照每个人自己的想法了。"后来，平松女士意识到，在做设计这件事上是不需要任何资格的！于是便离开了花艺学校。

"我认为，与其去向别人学习，还不如自己用心思考更有效果。如果每次学习都是为了水平考试，需要做的只是最大程度去模仿其他人的作品，尽量做到一模一样。但实际的工作中，必须通过思考，才能追求自己的风格。只要学会了基本的技术，之后必须通过反复的尝试和失败，才能最终确立自己的个性。"

先后在两家花店工作之后，平松女士在12年前正式设立了今天的这家花艺工作室。过去，她曾经经历过一段过度忙碌、导致身体情况欠佳的时期。而现在，她减少了工作的频率，将工作量缩减到了可以控制的范围。

"有些工作，即便客人感到满意，但是自己这关过不去的话，也无法让我获得满足。我希望从今往后，能用更仔细的态度去完成一件工作。如果每天的工作量都排得满满当当，是没办法做到这一点的。我希望自己的心理和身体都能保持健康的状态，所以希望接下来的一段时间，都能用比较缓慢的节奏去工作。"

别人是别人、自己是自己。对于做设计的人来说,在设计中坚持自己的想法有的时候至关重要。"设计原本是一项非常有趣的工作,任何一个做设计的人,都不应该忘记这一点。"

花艺设计师　平松美加

工作室

工作室 La hortensia azul
地址：东京都杉並区松庵3-31-16#105
休息日：不定期休息
主页：http://www.hortensia-azul.com

设计师履历

1970年出生。
1992年　仓女子美术短期大学毕业。
　　　　从大学期间开始在花店打工。
1995年　仓作为花艺设计师，开始工作室工作。
2000年　仓开设现在的工作室。
现在主要从事婚礼花束的设计制作，作为自由花艺设计师进行设计工作。

想要成为花艺设计师

很多人都会到培养花艺设计师的学校学习技术，但事实上成为花艺设计师并不需要特别的资格。只需要掌握基础的技巧而已。

毕业后很难立刻独立开业，最好先在花店等地方积累一定工作经验。

想要给最爱的人带去喜悦，
想要给他她一个惊喜，
相信没有任何东西，能比得过亲手制作的甜点了。
不管是欣赏还是品尝都会让人感到幸福，
也能让蛋糕变得更加充满创意。

008

甜点师
笠尾美绘

为特别的人制作专属的蛋糕……做一位特别的甜点师

"Sweetch"是甜点师笠尾美绘工作室的名称。这里不仅出售蛋糕,还会根据客人们的需要,制作定制的蛋糕或甜点。

一提到蛋糕,人们脑海中大多数的印象,不是奶油蛋糕就是巧克力蛋糕,再用奶油在蛋糕上写上人名,等等。但是,笠尾女士制作的蛋糕,却和传统的蛋糕有着截然不同的风格。

例如,某位客人想要定制生日蛋糕,无意间透露了过生日的人喜欢摄影,于是笠尾女士便会将蛋糕做成照相机的形状;如果对方表示想给在银行工作的父亲祝寿,她便会做出10日元硬币形状精致的蛋糕;如果知道客户是一位在化妆品公司工作的女性,她就会制作香水瓶形状的蛋糕,并且采用适合成人的咖啡口味,等等。

除了定制蛋糕之外,笠尾还为时尚企业提供将服装或包包做成饼干形状的服务,或者在活动时制作饼干书进行装饰等各式各样服务。笠尾女士凭借自己高超的技术和想象力,制作出了各式各样的甜品。

她做出的甜品,总让人舍不得吃下去。不过笠尾女士却认为:"不管怎样,甜品毕竟是甜品。即便样子看起来很漂亮,味道不好的话也是白费。我希望做出既好看又好吃的甜点来!"

笠尾女士的母亲是家政课的老师。从小时候起,她便和母亲一起制作点心。"我会把自己做的饼干送给朋友当作礼物,每次我都会特别高兴,收到礼物的朋友们也会非常开心。"

上学的时候,笠尾女士便决心从事和饮食相关的工作,于是进入短期大学学习,并获得了营养师的资格证。毕业后,她决心从事甜点制作的工作,于是便进入了仙台的一家酒店工作。"当时我的选择范围很广,例如到蛋糕房工作,或者到西餐厅制作甜点。我之所以选择到酒店工作,主要是考虑到在那里可以学到更多的东西。我希望首先能够打好扎实的基本功。"

甜点师

当时，想要从事甜点师工作的女性并不像今天这么多，而且工作强度也非常大。"因为我在学校学习的不是专业糕点制作，所以这方面的知识和技术非常缺乏。除了日常的工作之外，业余时间我也会自己阅读相关的书籍，自己尝试制作，希望能尽快弥补不足。"

4年的工作为笠尾女士开阔了视野，她希望能够进一步学习糕点方面的知识。于是，她只身来到了东京，此后一直在东京的西餐厅、咖啡厅和蛋糕店中工作。"在这些地方，我积累了各种制作蛋糕的经验。同样都是'蛋糕'，但是却可以学习到各种各样不同的表现方法。但是，随着经验的不断累积，我渐渐开始思考，什么才是自己想要的表现风格。"

　　甜点师这份工作，并没有太多和客人直接接触的机会。客人既不可能直接到后厨观看甜点的制作过程，甜点师也没办法直接听到客人对糕点的反馈意见。"到了三十多岁，我开始产生了这样的想法——想要看到客人们吃到我做的糕点后喜悦的表情。难道不能换一种方式制作蛋糕吗？"这样的想法日后渐渐变得越来越强烈。

　　为了探索自己全新的可能性，笠尾女士向当时的工作地提出了辞职，踏上了到欧洲游学的旅程。在整整2个月的时间里，她先后游览了英国、法国、意大利等国家，见到了各种东西，也吸取了不少知识。在一位认识的法国朋友的邀请下，还在当地的一间蛋糕店短暂地工作了一段时间。经过了这样不羁的旅程之后，她下定决心一定要做自己想做的事情，于是决定开一间定制甜品店。

　　"虽然在酒店、西餐厅、咖啡厅和蛋糕店都能制作蛋糕，但是我认为最能够给顾客带去喜悦的，还要算是'为特别的人制作专属的蛋糕'。我相信每个人都有属于自己的使命，而对我来说，好像命中注定要做甜点师一样。我想成为世界一流的甜点师，希望能够让更多人以合适的价格品尝到美味的甜品。于是我便下定决心，做一个为顾客定制专属甜品的甜点师。"

　　2年前，笠尾女士开设了这间名为"Sweetch"的甜品工作室，当时她刚好31岁。"我的工作室同事兼顾着销售的工作。能够销售自己制作的甜品对我来说非常重要。不仅如此，我还希望顾客们能看到自己的表现。开这家工作室也不是我随随便便脑袋一热的想法，通过和客人们仔细地交流，寻求一种让双方都能接受的蛋糕表现形式。决定之后，我便开始了行动。"

　　一般人对定制甜品的概念不是非常了解。

笠尾女士一个人除了制作之外,还要进行广告等宣传活动,经常忙得四脚朝天。"因为工作关系,我认识了一位女性朋友,当时我拜托她来做我的经纪人。作为一名甜点师,居然还有经纪人,这种形式真的很新鲜!我们两个人一起思考了全新的工作方向。最终,她作为经纪人负责对外接洽工作,而我则主要将精力集中在制作方面。这样一来,工作进行起来顺了很多。"

当客人们看到制作好的蛋糕,发出"哇啊"的惊呼的瞬间,对笠尾女士来说是最幸福的时刻。充满了童趣和好奇心的笠尾女士,通过自己制作的蛋糕,让购买和品尝蛋糕的人,不知不觉中也变得像小孩子一样开心。

除了定制蛋糕,笠尾女士的工作室还提供送货上门服务,也会举办以甜点为主题的各种活动和展示会。工作的范围正在不断地拓宽。她也很高兴能够通过蛋糕这个媒介,参加各种各样的活动。

"除了现在的工作之外,我想做的事情还有很多。我非常喜欢制作甜品,希望有机会能够制作一桌全甜品宴。还有,我希望能够打通艺术和甜品之间的隔膜,使用甜品这种素材,针对不同的主题展开充分的联想,推出全新形式的作品。甜品这种形式,有着无限的可能性,有很多值得改良的地方。今后我还是会推出各种各样全新风格的糕点。"

采访结束的时候,笠尾女士送给我一块曲奇饼干作为礼物。当我品尝着入口即化的曲奇,忍不住再次想起了笠尾女士的话。"蛋糕是所有人都喜欢的东西,它们一定会出现在令人感到幸福的场合。这也是最让我感到幸福的地方!"

甜点师

甜点师　笠尾美绘

工作室
工作室 Sweetch
主页：http://www.sweetch.jp

设计师履历
1974年出生。
1994年　短大毕业后，进入位于仙台的酒店工作。
1998年　来到东京，在西餐厅、蛋糕店、咖啡厅等场所工作，认识到了不同类型顾客的需要。
2005年　开始从事定制甜品事业。成立Sweetch工作室。
现在，主要从事派对、婚礼等蛋糕制作，以及蛋糕主题活动策划等，并为东京的一些咖啡厅提供甜品。

想要成为甜点师
一般需要进入烹饪专业学校或糕点专业学校学习技术，此后进入酒店或蛋糕店就职。由于不同店铺的口味和制作方法各不相同，很多人会更换多家店铺进行学习。大多数人都是在积累一定经验后独立创业。

009

皮革、手表设计师
hujisa yuri

在设计师的手中，平面的皮革变得生动立体。
手包、腕饰、钱包……
通过亲自设计的作品，
实现了设计师和顾客之间的联结。
即使一个人在做设计，
却丝毫没有孤独的感觉。

不逼迫自己，给自己留出可进可退的留白

从下北沢地特战步行5~6分钟，紧邻公交车站的位置，hujisa yuri女士的开放工作室"Neji commu"就设在这里。工作室的正门涂成了复古的绿色，搭配上用油漆粉刷的室外地板和墙壁，酝酿出温和的氛围。店门口摆放着黑色的沙发，不经意地摆放着几件装饰品。第一次到这里的客人可能都会忍不住问"这里是一家店铺吗？可以随便进去吗？"与此同时，人们一定会感受到这个小小的空间里一种难以用语言形容的引人入胜的魅力。

在工作室中，陈列着手包、腕饰、钱包等皮革制品，以及各式各样的手表。所有的展示品都是hujisa女士纯手工制作品的作品。"可能很少有人同时设计皮革制品和手表！不过对我来说，我觉得只有同时设计这两种作品，才能达到最好的平衡。"

大学毕业之后，hujisa女士开始从事和皮革设计有关的工作。一次，她看到一家手工定制鞋店正在招聘皮革工匠。"之前我曾经自己做过皮革腕饰，只不过是自己做着玩儿而已。我觉得自己丝毫没有经验，可能很难胜任。不过老板却说，就算没有经验也可以从零开始教给我，于是我立刻决定试一试。"皮革制作工作是属于"匠人"的世界。大多数需要经过很长的实习期。一般来说，能够独立制作出像样的作品，需要经过几年的时间。"很幸运的是，那家店里有很多年轻的工作人员，老板教给我们很多东西，让我们很快就能上手制作。老板交给了我们全部的制作工艺，让我们可以从头到尾制作一件作品。如果当时只教给我们众多步骤中的一个环节，就很难把握整体的制作流程。所以说，在那家店里真的学到了不少东西。"

在这家店中工作了2年时间，hujisa女士开始渐渐感到"自己制作的东西和自己的个性相差得越来越远"。hujisa女士说"那家店里主要制作风格优雅的定制皮鞋，和我感兴趣的领域有一些差距。这里主要强调制作出牢固结实的鞋子，而且价格也非常高。自己亲手做出这样的作品，不知为什么总让我有一种违和感。所以渐渐地感到非常辛苦。"

正在这时，hujisa女士以前认识的一位手表设计师向她提议，一起合用他正在使用的工作室。"我虽然想要独立，但是当时的情况却不允许自己成立工作室。

这位设计师的提议给了我很大的帮助。同时，这位设计师还向我介绍了位于吉祥寺的JHA（日本手工制作腕表协会）。遇到不开店的日子，我就会到这里一边兼职，一边学习制作腕表的技术。在此之前，我没有任何关于腕表制作的经验，能有机会学习，我感到十分高兴。"

对于hujisa女士而言，皮革设计和腕表并不是完全没有关系。"皮革是一种非常柔和的材质，是可以用来制作任何物品的材质。而腕表则是完全不同的表现形式，某种程度上会存在一定的制约。同时设计代表着自由和制约两个方面的作品，让人觉得永远都不会厌倦。"

hujisa女士笑称，自己是拘泥于"不拘泥"。"我绝对不会强求自己，一定要做这样这样的作品……给自己制定严苛的规则。但是在我最初工作的定制鞋店，每个流程都有着非常严格的规定。例如'角必须是90度'等等，不照做就不行。但是如果我自己独立设计的话，我不希望给自己制定这么多条条框框，希望能够追求一种随意的感觉。"随着不断累积经验，hujisa女士开始觉得自己的设计思路自然而然地变得宽广起来，能做的东西也变得越来越多。

现在，hujisa女士虽然独立经营着工作室，但最初却并没有下定决心一定要一个人进行。"现在我虽然独立工作，但是以后也说不定会和其他人一起合作。对我来说，不管是设计的作品，还是工作的风格，也没有严格的限定。虽然对我来说，不给自己制定条条框框这一点非常重要，但是如果太过随意，也会让自己的工作失去方向。我希望能够确定自己设计的中心，然后给自己留出留白，让自己可进可退，能够随意选择其中任意一条道路。"

不拘泥于形式、不限定思维方式，说起来非常简单，但是能够真正实行的人却并不多。但这对于hujisa女士而言，却像是理所应当的事情一样，尽力地在行动中体现。可能正是因为有了这样的特色，她的工作室也吸引了不少前来咨询的年轻人。

"有很多年轻设计师，想要从事设计方面的工作，但是却不知道从什么地方开始。我的店里偶尔会迎来这样的'迷途羔羊'（笑）。我做学生的时候也曾经有过这样的心情，因此特别理解他们。"

皮革、手表设计师

尽管有想做些什么的冲动，但是却不知道自己究竟能做些什么。"学生时代除了使用皮革之外，我还尝试过用亚克力制作鞋子。而且我很喜欢电影，还想过从事电影方面的工作。"

皮革、手表设计师

"在进行各种尝试的过程中,我越来越觉得自己和皮革这种素材之间非常有亲切感。每次看着皮革在自己手中变成各种各样的造型,总是会有一种得心应手的感觉。"

"尽管心里抱有想要做设计的想法,但是能否真正地做到,仍然需要冷静的态度去对待。如果想要将设计作为事业,无论如何还是需要考虑到生活方面的问题。不过,我认为在最初的阶段,也不要过度地考虑这些问题。把自己心里想做的东西、能做到的东西尽量表达出来,也是不错的尝试。就好像我最开始尝试制作腕饰的时候,就曾经有过自己一定能做成什么的感觉。"

去年年底,hujisa女士前往巴黎参加了展示会。认识的一位设计师给她介绍了一位法国朋友,从中促成了这次的展会。"能在外国人面前展示自己的作品,实在是一次非常有意思的经历。在那里我看到了很多没有见过的东西,给我提供了很多的灵感。如果不是有了这间工作室,我想也不会遇到这样的机会。"

以开放式工作坊这种形式工作,非常适合hujisa女士的个性。敞开的大门,任何人都能走进来欣赏、交谈。hujisa女士就是这样一边与人交流,一边制作作品。"我希望和其他人一起共同分享同一片空间。做设计看上去只不过是工作的一种,但事实上却不仅仅如此。"有的设计师会把完成的作品放在店中寄售,有的设计师会接受定做,也有人看到了作品前来购买……虽然看上去设计这项工作是设计师一个人在完成,但事实上却并不孤独,总要和其他人发生关联。

"对于未来想从事设计工作的朋友,我并没有太多建议。总的来说,在我一直坚持下来的这条路上,我认为最为重要的,就是要认真地、踏踏实实地对待自己的工作。不要有太多的野心,而是要兢兢业业地去进行。只要能坚持这样做,一定会得到其他人的认可,总有一天能够自然而然地遇到自己的机遇。最重要的就是做好眼下应该做的事情。"

皮革、手表设计师　hujisa yuri

工作室&商店
工作室 Atelier Shop Neji commu
地址：东京都世田谷区代田5-1-20
休息日：星期一
主页：http://nejicommu.com

设计师履历
1976年出生。
1999年　大学毕业后，进入定制鞋店，开始以皮革
　　　　工匠的身份工作。
2001年　离开定制鞋店，加入钟表设计师的工作室，
　　　　一边在工作室工作，一边开始学习腕表的
　　　　制作工艺。
2003年　开设个人工作室。
2004年　将工作室搬到现在的场所。
现在，以制作皮革制品和腕表为主。

想要成为皮革设计师
一般的就业方向，是皮革工艺工房或手工制鞋企业。可以进入时尚专科学校或职业训练学校，学习制鞋的专业技术。想要成为合格的制鞋工匠，至少需要3年时间，就算经过20年历练也不为过。

电影院的电影票、布料上的标签、报纸和杂志的剪贴、以及用麦秆制成的日式传统纸。各种各样的纸张，在设计师井上阳子的手中获得了新生，成为了极其独特的纸艺作品。

纸艺品设计师

井上阳子

一心想成为专业设计师！千万不要执迷于这样的想法

看到井上阳子作品的感觉，很难用一句话简单地形容出来。

井上女士作品的种类和形态都非常多种多样。既有用纸和布制作的小盒子和立方体摆设，也有将利用照片做出的照片笔记本，还有利用拼贴工艺制作的笔筒，等等。虽然种类多到难以一一写出，但是实际上看到这些作品的时候，都有一个共同的感觉——就是具有强烈的"味道"。稍稍褪色的色彩设计和复古的质感，通常是有棱有角的形式，而且常常会用数字作为设计元素。无论是多小的作品，都凝结着属于井上女士的个人风格。

从美术大学毕业之后，井上女士来到东京，正式开始了作为设计师的活动。当时主要以插画师的工作为主。由于当时在东京不认识什么人，所以她在开始阶段，一边打工维持生活，一边拿着自己的作品，到出版社或设计公司去碰运气。在做设计的人之中，有很多人不擅长"推销"和"经营"自己。往往做成了作品，却不能找到合适的时机让其他人看到。不过，在这方面，井上女士的情况却刚好相反。

"我是一个十分善于经营自己的人。可能我是个脸皮比较厚的人吧（笑）。刚开始的时候的确需要一些勇气，不过很快就习惯了。当时我决定一个月去5~6次，只要抽出时间便会带着作品去推销自己。即使被对方拒绝，我也不会气馁，而是会暗自下决心，下次一定会画出更好的作品来！尽管并不是每次都会给我机会见面，但很幸运的是，在这个过程中也并没有遇到严厉的拒绝。"

自我推销除了能够帮助就业之外，还有一个非常大的优势，就是能够听取各种各样的意见。"我总是按照自己的喜好创作作品，但是这些作品并不一定能用到工作中。在尝试的过程中，对方会给我很多建议，例如经营用的作品应该是这样的风格，等等，这些建议让我学到了很多东西。如果只是在家里埋头画画，就不能学到这些，也没办法用到工作中去。对我来说，因为下定决心从事设计方面的工作，所以如果其他人不能看到我的作品，我就没办法真正开始。"

纸艺品设计师

纸艺品设计师

另外一方面，井上女士对自己的作品也有很强的自信，相信一定会有人欣赏自己的作品。"有的时候看着杂志或明信片上的插画，我经常会觉得'还是我的画更好'（笑）。虽然并没什么依据，但是自己心里总是充满自信！"井上女士说话的时候操着关西口音，说起话来干净利落。她说，这是自己充满自信的发言方式。而她的作品，也给人一种干净利落、酷劲十足的感觉，乍一看上去，和她独特的个性之间，或多或少有着一些差异。

一边打工一边推销自己作品的日子，一直持续了三四年的时间。随着联系的地方越来越多，她的工作也渐渐多了起来，例如给杂志画插图，或者给单行本制作封面等等。井上女士终于可以开始正式作为插画师工作了。但是很快，她却对成为插画师产生了一定的动摇。"作为插画师工作，必须要配合小说或杂志的风格去工作。还要将委托人的意愿作为工作的前提。进行了一段时间之后，我逐渐发现，这并不是我真正想做的工作。"

就在这时，她的脑子里浮现出了成为纸艺品设计师的念头。"在此之前，我虽然也做过一些纸艺品设计，但是很难作为工作的重心。如果向对方推销插画，很容易被理解，但是如果推销纸艺品，大多数人都不明白它们的作用。"

下定决心之后，她开始动手制作了一些纸盒和笔记本，放在别人的店里寄卖。在26岁的时候，井上女士举办了第一个个展。以此为契机，越来越多的画廊和店铺开始销售井上女士的作品。另一方面，一些杂志也接受了纸艺品创作这种形式。"当我开始这种形式的工作之后，杂志社就会意识到原来纸艺品还能有这么大的作用！他们也会向广告商推荐这种形式。作品被刊登一次后，又会有其他订单，慢慢地就有了一定的工作量。"

看着自己的作品被拍成照片，刊登在杂志上，井上女士感到非常高兴。像这样能够从另一个角度审视自己的作品，实在是一种充满乐趣的方式。"它会让我发现，原来创作还可以这样进行……有的时候还会用在下一次的作品设计当中。"

　　我一直想，一定有人觉得我的作品一文不值，就像一堆垃圾一样；但一定也有不少人喜欢它们。当人们从众多的作品中选了自己喜欢的一个并最终买下的时候，我都会感到特别高兴。我也会想象他们用我设计的作品装饰房间会是什么样子，这也让人感到非常有趣！"

　　每次创作遇到瓶颈，或者没有任何灵感的时候，井上女士就会到外面去闲逛，大厦的形状、对面走过人们的衣着、墙壁的颜色……从这些看似无关紧要的事物中间，井上女士不断地寻找着各种灵感。"我这个人属于那种躺在床上想破了脑袋，也想不出什么有意思的点子来，但是只要接触到外面的风景，便会有很多的收获。"每次看到长满锈迹的墙壁或者枯木的时候，她会感到十分兴奋，连忙拍下照片来当作参考。"走在街上的人看到我的样子，一定不知道我到底在干什么，说不定还会觉得这个人有些奇怪（笑）。不过对我来说，这些东西却能带给我充分的灵感。"

　　在进行这项工作的过程中，如果不和其他人发生关联，就无法顺利地进行下去。和他人的交流不仅能够获取新的信息，而且和其他设计者们的谈话，还能达到相互鼓励的效果。"我最喜欢和那些想要成为真正专业设计师的人们交往。

纸艺品设计师

他们都很有意思,而且想法也很不一样。和想成为专业设计师的人们进行对话,对我来说是一种极好的刺激。"

将设计作为自己的工作。在这一点上,井上女士虽然没有经历过任何迷茫,但是在过程中却遇到过很多苦恼。例如,设计作品和销售作品之间的平衡非常难以维持。"用来销售的作品,必须适合大众的眼光,必须考虑到设计的实用性。但是,我想做的作品,却有一些不同的地方。不过,如果不听取周围的意见,只是埋头于自己的设计的话,是无法将工作顺利地进行下去的。如何维持这二者之间的平衡,直到今天我还在经常思考。"

直到今天,井上女士还经常会听到一些负面的言论,例如"靠那样的工作能吃饱饭吗?""做设计根本养活不了自己"等等。但是,这些话不能动摇井上女士的信念。"话虽如此,但实际上也有少数的设计师,能够设计出优秀作品获得成功,生活得很好。我也希望自己能成为这些少数人中的一员。我相信只要自己充分努力,一定能够生活得更好。"

目标尽管简单,但却大有前途!

纸艺品设计师　井上阳子

工作室
在位于东京的工作室进行设计。
主页：http://www.craft-log.com

设计师履历
1975年出生。
2000年　京都造型艺术大学毕业。
　　　　来到东京，作为插画设计师开始活动。
　　　　举办个展和团体展览。
2004年　在画廊等场所推出纸艺品，
　　　　开始从事相关工作。
2008年　开始和杂货品牌进行合作，制作日历、海
　　　　报、遮蔽胶带等作品。
2009年　出版《用照片和纸制作工艺品》(雷鸟社)。
现在，在进行书籍、杂志设计工作的同时，与杂货品牌合作制作各种作品，同时设计各种原创作品，举办个展、参与各种活动。

想要成为纸艺品设计师
在世界范围内，单纯将纸艺设计作为职业的设计师并不多见。可以通过大学、专科进行学习，但拥有学历并不等于职业的保障。销售方面，通常可以通过主页、店铺或在画廊进行展示销售等。

既有复古感，又充满装饰性的画框、
充分体现木材质感，又简洁的画框，
能够让绘画本身更加有魅力的画框。
设计师用自己的双手，制作出了这样的画框。

011

画框设计师
石井晴子

自然孕育出的个性,让我对画框充满兴趣。

"在巴黎十六区马蒙坦美术馆看到的画框,给我带来了相当大的冲击。当时的感觉就像电影和电视中经常出现的,周围的一切都变得虚化起来,视线都聚焦到了眼前的景色上。当时的那个画框,就带给了我那样的感觉。"

石井晴子是专业画框设计师。她的工作室名为"Kanesei",在这里,她使用意大利古典技法制作画框。不过,在成为画框设计师之前,她的梦想是成为艺术品修复师。最初认识艺术品修复工作,是在上小学的时候。当时她有机会亲眼见到了在小学历史书上经常介绍的、著名的"鉴真和尚像"。

"我的父母都非常喜欢美术,从我很小的时候开始,就经常被父母带着一起去参观美术展。一次有机会,亲眼见到了《鉴真和尚像》。那时候妈妈告诉我,世界上还有一种叫作美术品修复的工作。她当时的话深深烙印在了我的心底。"

上了高中以后,在决定未来发展方向的时候,石井女士自然而然地选择了艺术品修复这条道路。由于父母都是古董爱好者,受到他们的影响,比起新的东西,石井女士一直都很喜欢有复古感的东西。性格方面,她也不属于那种追逐新时尚的类型。"所以我便决定选择这条道路。"

在大学里,石井女士选择了古典技法和蛋彩画工艺。同时还在绘画修复家

画框设计师

的工作室工作,学习相关的技法。为了能够到意大利学习真正的回护修复技巧,她在大学期间还学习了意大利语,积极地进行着留学准备。毕业之后,她进入佛罗伦萨的一家语言学校学习意大利语,不断地为了成为绘画修复家打基础。虽然下定了决心,但她却一直面临着一个小小的迷惑。"我虽然很喜欢绘画,但是却一直不太擅长油画。这一点是我清楚意识到的。由于所有的绘画修复都要用油画的技巧来完成,所以优化的技术必须要十分过硬。从那个时候开始,我逐渐产生了疑惑,自己是不是真的适合这条道路,自己一直坚持的这个方向,是不是真的适合自己呢?"

眼看进入艺术修复学校的日期日益临近,石井女士心中不安的情绪逐渐变得强烈起来。带着这样的心情,她前往巴黎去拜访一位住在那里的朋友。就在这里,她经历了前面介绍过的,和画框之间"命中注定的邂逅"。"那是一座很古老的建筑,看上去很像一间美术馆,建筑中只有一间展室,装饰着哥特式的微型人像画。而这里的画框,深深地触动了我。原本到美术馆是为了去看莫奈的画,但是我基本没注意画本身,完全被画框吸引了。普通美术馆中的画框都很宽大,看上去非常宏伟。但是这里的画框却很小,但感觉熠熠生辉,充满了经历了时间洗礼的美感,总之聚集了所有我喜爱的元素。"

石井晴子的性格看上去沉稳而悠然。但令人意外的是,她却有一种一旦喜

欢什么东西，眼睛里便再装不下其他的气质。看到这些画框之后，她立刻感到"我要做画框！除此之外别无所求！"。于是她变更了学校的专业，改为木工修复专业。"留学的3年时间里，我一直拼命地学习，一辈子从来没这么努力过。所有的课程基本都是用意大利语讲授的，专业用语更是从头到尾一直不断。那个时候我的状态就是字典不离手，每天抱着拼命的态度才能够跟上课程。不过尽管如此，我却从未想过要回家，或者感到后悔的时候。虽然学习非常吃力，但是却也有着很强烈的愉悦感。每天都过得特别激动人心。"

从大学2年级开始，石井女士获得了校外实习的奖励机会。但是，学校只提供奖学金，却不负责介绍实习的场所，需要自己寻找。"当时周围的同学都去修复工坊实习，只有我选择了去画框工坊实习。不过，作为女性，又是外国人，很难找到接收我的地方。直到最后一刻，一家小工作室才接受了我的申请。"

石井女士在这家由夫妇二人经营的画框工坊中实习了两年，一直受到了夫妇俩的照顾。对于石井女士来说，他们简直就是自己"在佛罗伦萨的父母"。"他们教会了我很多东西，也特别为我着想。我是那种手比较慢的类型，师傅经常说我，动作一直那么慢的话，肯定会吃不饱饭的（笑）"。

经过了3年的留学生活，石井女士回到了日本。经过以前认识人的介绍，她开始了制作画框的工作，但是工作量却一直无法大幅度地提升。她开始感到焦虑，担心这样下去，自己的技术只能停留在兴趣爱好的水平。当时她还考虑过要不要去画框企业工作。"但是，如果进入画框企业，从事的工作大多集中在画框设计或出口方面。而我想做的，却是亲手制作画框。"

石井女士一边在自己毕业的大学担任临时讲师，一边坚持制作画框。一次在朋友的介绍之下，她为一位知名摄影家制作了画框。

借此机缘，她参与了这位摄影家的事务所，摄影家还为她配了一位经纪人。"这对我来说是一个重大的转机，我一个人很难进行的宣传活动，现在有经纪人替我打理。我制作的画框在媒体上进行宣传之后，工作量一下子多了起来。"

现在，石井女士和网上的一家艺术品商店签订了合约，接受订单并在网上进行销售。而制作工作，则在自己家二层的工作室中进行。由于所有的作品都是她独自完成的，所以完成一件作品大概需要三周的时间。

对石井女士来说，画框是"让里面的作品看上去更具魅力的存在"。制作前她会和订购方进行交流，实际观赏画作，并且参观可能悬挂作品的场所，脑子中形成大致的印象后，再开始进行制作。从设计到实际的制作、完成，整个阶段都充满了愉悦。而最让她感到喜悦的，则是交付时看到订购方反应的瞬间。"我曾经接到过这样一个订单，里面的画作描述的是摩洛哥沙漠的风景。虽然这幅画只不过是在旅行过程中买到的纪念品，但是却凝结了订购者对旅行的美好回忆。经过了多次尝试之后，我为他设计了一个极简风格的画框，简单到让人忍不住疑问'这也能叫作画框？'但是，当订购者收到画框的时候，却表示旅行中的记忆完全被唤醒了。听到这样的评价，我感到特别的高兴。"

虽然石井女士非常喜欢这项工作，但是偶尔也有想要跳脱重复作业的时候，有的时候也难免产生不自信。这个画框真的适合这幅作品吗？她内心经常无法做出正确的判断。"每当遇到这种情况，我就会向家人和朋友征求意见。不过，他们反馈给我的意见，却往往和我心里已有的答案不谋而合。例如，他们会指出不足的地方，而这些地方正好是我感到有疑虑，认为可能做得不好的地方。

遇到这种情况，我会接受他们的意见，然后继续埋头制作。"

　　石井女士的梦想，是拥有自己的教室。虽然不知道这个梦想什么时候实现，她仍然希望能够开设教室，教授画框制作和蛋彩画技艺。"我希望能开这样一间教室，在这里可以学会自己画画，然后放进自己制作的画框中。以前我曾经参加过四位画框设计师共同举办的展览会，每位设计师的风格都极富个人色彩。对我来说，制作画框是一项非常有趣的工作，因为我的作品能够体现我自己的个性，是想改也改不掉的。每个人的个性都是自然而然形成的，如果能够把自己的画放在自己制作的画框中，等于彻底地体现了人物的个性，就像构成了一个属于自己的作品世界一般。对于画画的人来说，这可能是最理想的一种形式。"

画框设计师　石井晴子

工作室&商店
工作室Kanesei
主页：http://www.Kanesei.net

设计师履历
1973年出生。
1996年　和光大学人文学部艺术专业毕业。
　　　　赴意大利佛罗伦萨的Palazzo Spinelli艺术学院木工修复专业留学。
1997年　进入Frankaranchi画框工坊学习古典画框制作工艺。
1999年　取得意大利托斯卡纳州认证的木工修复资格师证书。
　　　　回国后开始接受画框定制，正式开始画框设计师的工作。
2002年　在和光大学担任蛋彩画兼职讲师（至2005年）。
2006年　在株式会社dexivxoto绘画保存修复事业部担任画框保存修复、制作工作。
2008年　为东京国立博物馆所收藏的费雷蒂的作品《拉古萨的画像》制作画像。
现在，主要以接受定制作品为主。

想要成为画框设计师
一部分人在大学、专科学校或职业学校学习木工技术，也有一些人在日本国内的画框店（制造销售店）实习，或完全按照自己的风格进行制作。
销售方面，可以通过口碑介绍、网络接受订单，或者在画廊或饰品店进行销售。

一张纸、一把剪刀，
只需要这两样简单的工具，
美丽的剪纸作品
便会应运而生。
希望每一张剪纸作品，
都能给别人带来幸福。
设计师心思，都集中在这样的念头上。

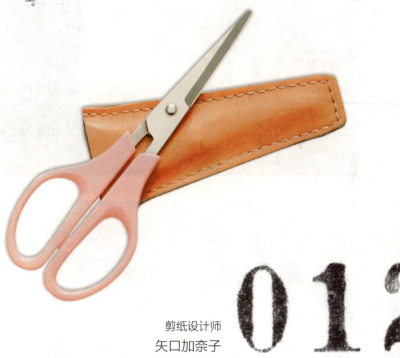

剪纸设计师
矢口加奈子

012

用自己的个性，设计剪纸的造型

将正方形的彩纸叠在一起，用剪刀剪出花样。当彩纸展开的时候，原本正方形的彩纸，会变化出各种意想不到的形状。剪纸这项活动，相信每个人小的时候都曾经尝试过吧！而设计师矢口加奈子正是以这些剪纸作为原料，设计各种剪纸艺术作品。提到剪纸，大家容易想到亚洲风格。但实际上，剪纸也可以表现成为法式风格、有机体的模样，或是令人怀念的充满独特风格的形状……无论是形状还是色彩都十分多样。制作各式剪纸的过程对矢口女士来说，是充满了深厚趣味和欢快的体验。

"我做的剪纸经常会直接展示给别人。但是，由于剪纸这门艺术本身就属于很难理解的门类，所以有的时候即便向别人介绍自己是'剪纸设计师'，对方也十有八九不知道我们的工作到底是做什么的。所以，比起口头介绍，我更喜欢直接做出作品给对方看，这样才能 一目了然。"

在我们交谈的过程中，矢口女士手中的剪刀仍旧在上下翻飞。看上去她好像在剪一个随机的图案，但是她却告诉我，在她的头脑中，已经形成了大致的形状。但是作为在一旁观看的人来说，对于她究竟会剪出什么样的形状，却一点都摸不到头脑。真希望自己有魔法，能够到矢口女士的头脑中去一探究竟。

矢口女士从20岁左右开始接触剪纸艺术。用她的话来说，就是"不知怎么回事便开始了"。"当时，我正在美术大学学习空间设计专业，虽然我的专业很有意思，但建筑和设计之类的工作，属于那种必须和其他人配合才能完成的工作，很难从头到尾独立完成。"

但矢口女士想做的，却是能够独立完成的设计。但是，自己究竟能做些什么，当时却并不十分清晰，于是便从最小的设计开始入手。"我尝试了绘画、制作小工艺品和立体作品，甚至还尝试制作了服装和布饰品。而剪纸只不过是我各种尝试中的一个。剪纸虽然是平面作品，但是制作的过程却接近立体的过程，和我在大学学到的空间设计之间有很多共通的地方。"

在很长一段时间里,矢口女士并没有将这些剪纸变成作品的念头,也没有刻意为了别人制作剪纸,只是一个人待在家里,埋头制作剪纸。

"有一次,我把自己做的剪纸带到了一所纸艺品设计学校,没想到周围的朋友们给予我非常高的评价。他们称赞我的剪纸有趣,为我增添了很多信心,同时也促使我下定决心继续从事剪纸设计。"她利用剪纸印刷和拼布工艺,制作各种T恤和布包等小饰品,以及台灯等各式各样的作品。"如果光制作剪纸的话,可能谁都不会有太大的兴趣。我认为必须赋予它们形状才行。所以便制作了服装和小饰品,经过了反复尝试之后,得到了很多宝贵的经验。那些尝试我认为完全不是浪费。"

大学四年级的时候,矢口女士举办了自己的第一个个展,并且开始逐渐在一些店中销售。此后,她每年会举行几次个展,剩下的时间便靠打工来度日。因为想要制作各种剪纸艺品,必须花费很多的制作时间。"25岁的时候,在朋友的介绍下,我加入了一个很多设计师共享的设计事务所。他们都很喜欢我的作品,会在室内装修中运用我设计的作品,也会在设计作品时采用我的元素,或者帮我介绍各种工作。他们都是非常正直的人,虽然当时事务所的经营遇到了困难,但他们的态度却都十分乐观。他们也会给我提出各种建议,让我受益匪浅,即便在今天,他们对我来说也都是很重要的人。"

矢口女士说,自己是属于那种"一旦专注于一件事,就会忘记其他"的类型。所以对她而言,听取周围人的意见变得非常重要。

"不过,我不是那种听了以后立刻会行动的类型。如果有人说了些什么,他的话都会留在我的脑海里,经过一段时间,我才会意识到,啊!那个人说得有道理!我是那种必须经过自己彻底消化之后,才能付诸行动的人。这种性格总是需要花费一些时间。"

直到今天,遇到独自在家有时间的时候,矢口女士也会剪刀不离手。即便去旅行,包里也会装着一把剪刀。"不过,和过去相比,我现在的工作量已经减了不少。曾经有一段时间,我简直就像着迷一样,每天做剪纸累得筋疲力竭。不过,我现在更倾向于不强求数量,而是追求自己的风格。"

不过,直到现在,矢口女士还认为,能够拥有那样的一段经历,对自己来说非常重要。但是,现在的她,更喜欢专注于某一项作品。"我经常能够接到很多剪纸的工作邀请。现在,我虽然也会一整天地剪纸,但是和以前相比,现在的我更加注重制作符合自己风格的作品。"

将剪纸赋予"自己的个性",并作为工作进行经营的矢口女士。相信每个做设计的人都和她一样,希望追求独一无二的风格,探索属于自己的道路。但是,想要发现这条道路,并不是一件容易的事情。"现在,我在专科学校里担任着讲师的工作。现在的年轻学生们,虽然嘴上话都说得很漂亮,但是缺乏动手能力。事实上,想要寻找其他人都没有做过的东西,的确不是一件容易的事情。"

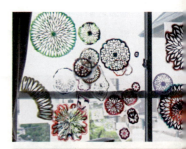

"那样的东西,现在在这个世界上也许已经不存在了。现在的年轻人和我们年轻的时候相比,信息量大了很多,人们的知识也变得更加丰富。但是,在想破脑袋之前,我认为更重要的是先动手做些什么。只有亲自动手,才能知道自己究竟喜欢什么,才能知道自己以后究竟应该往哪个方向走。"

在接触学生的过程中,矢口女士也得到机会反思自己,不断改正自己的缺点。"我认为不论干什么,喜欢思考都是非常珍贵的品质。每个人都不应该轻易满足,应该持续不断地思考。另外一点,就是珍惜周围的人。因为直到最后,还能留在我们身边支持我们的,就只有周围的家人和朋友了。但是,这样的事情,直到年纪大了以后才慢慢想明白。在我刚刚开始工作的时候,觉得无论什么事,自己一个人都能做成。"

作为剪纸设计师的活动,矢口女士已经坚持了十年之久。今后,她希望将自己创作的中心都集中到剪纸上来,希望以剪纸为主举办个展。"我一直有一个念头,不要其他作品,只以剪纸本身为主开一次个展。当我把这个念头告诉周围的人之后,他们也表示对我充分地支持,例如'光是剪纸也很有意思啊!能用剪纸表现的主题一定还有很多吧!'等等。从开始做剪纸到现在,我已经积累了相当长的一段时间,我希望现在能够将这些累积的作品整理出来,以个展的形式进一步发展下去。"

除了个展之外,矢口女士还希望挑战各种空间设计或影像设计等不同形态的剪纸。"我希望和更多人一起合作创作作品。开始剪纸的时候,我虽然是独自一个人,但是在过程中,我逐渐感觉到了自己本身的局限。但是,如果和其他人一起合作,观察作品的角度便会发生改变,我希望能够通过剪纸,将自己的思想表现得更有趣味。所以,我希望能够在召开个展的基础上,和其他的设计师一起自然而然地合作,希望能够完成一些迄今为止都没有完成过的作品。"

剪纸设计师　矢口加奈子

工作室&商店
在自宅兼工作室制作
主页：http://www.yorokobinokatachi.com
Webshop 野庵— yarn—http://a-yarn.com/
店铺：Mic Mac.http://www.mic-mac.net/

设计师履历
1976年出生。
1998年　女子美术大学毕业。从在校期间就举办个
　　　　展和集体展览，开始剪纸活动。
2003年　开始在海外发表作品。
2007年　出版最初的作品集。
现在，以个展为中心，参与各种领域的策划活动，
同时开展合作创作、艺术设计、装订、网络商店等
活动。

想要成为剪纸设计师
以"剪纸设计师"开展工作的设计师，事实上人数非
常少。
像矢口女士这样，创作剪纸作品并进行销售，
同时经营店铺、从事艺术活动等，
可以算是自己为自己开辟出了一条"剪纸设计师"之路。

013

野田满里子工坊的名称叫做『Zappateo』。
在西班牙语中，是『舞步、脚步声』的意思。
这是一个能够让心灵轻轻舞动的、
定制鞋履工作室。
希望每一双珍贵的鞋子，
都遇到能够珍惜它们的主人。

鞋履设计师
野田满里子

从亲手制作鞋子的喜悦,到独立的鞋履设计师

横滨鞋履工坊"Zapateo"的经营者野田满里子,是一位专门制作定制鞋履的设计师。她的作品从男鞋、女鞋,到儿童鞋应有尽有。野田女士在此之前的职业,是公司设计人员。她在大学中学习工业设计专业,毕业后进入一家大型的胶片公司就职。"大多数同学都进入企业就职,所以我也没有多想,和他们选择了同样的道路。刚开始工作时,我负责的是数码照相机设计工作,后来还先后进行过磁带的设计和MD的封面设计MD(一种迷你光盘,2000年左右在日本很流行,现在已几乎不用了。——译者注)、印刷器材的套版设计以及冲印服务的网站、女性网站等各种各样的设计工作。"

但是,自从进入公司工作以后,野田女士就一直没有停止过问自己,究竟自己是否喜欢这样的工作。"我并不是因为特别想设计照相机,才进入公司工作的。和那些充满工作热情的人相比,我的心情就变得渐渐不同,和他们之间的差别也变得越来越明显。我开始感觉到,自己可能没办法在这家公司里拼命地工作。"

25岁的时候，野田女士偶然邂逅了鞋履制作的工作。出生在墨西哥的野田女士，从小就很喜欢鞋子。"有一天，我的一位男同事穿了一双非常漂亮的鞋来上班。那位同事也是一位非常喜欢鞋子的人，但是他那天穿的鞋子却和平时有些不同。于是我问他这是什么牌子的鞋，他居然回答我，是自己做的！着实令人吃惊。鞋子还可以自己做吗？你在哪里学的做鞋子……我立刻向这位同事展开了猛烈的发问。"后来，这位同事介绍她到一所专门制鞋的学校，她立刻就进入学校，开始了每周一次的学习。

"最开始制作的是一双短靴，制作的过程非常有趣。不过，很多时候我想要这么做，但是老师却强调要那样做。现在想想，当时老师说的很多都是错误的，可是当时我究竟是怎么按照老师说的方法做出来的呢？简直不敢想象（笑）。"

经过半年多的时间，野田女士终于完成了第一双亲手制作的鞋子。野田女士深刻地感受到了制作鞋子的乐趣，于是开始继续给家人制作鞋子。"学会了制作方法之后，我更多地希望能够自己发挥，例如这里用这样的方法，那里应该如何处理，等等。慢慢地，我也渐渐懂得多了起来，于是开始进入专业班进行学习。"

鞋履设计师

每天19~22点，公司下班之后，野田女士就回到制鞋学校去学习。每月两个周二还到横滨的一位制鞋工匠那里去当学徒。平时每天只有3~4个小时的睡眠时间。"我是那种不喜欢的事情绝不能忍耐的人，在整个过程中，我从来没有痛苦的记忆。有的时候，学校上课结束后，我还要跑去跟公司的同事喝酒（笑）。我是那种精力充沛的人，既然决定好了学习的时间，每次去上课的时候，感觉就像心里揣着秘密一样，非常有意思，所以下定决心一定要努力学习。"

从25岁开始的5年时间里，野田女士一直一边在公司上班，一边坚持在制鞋学校学习。最终从公司辞职，独立创业则是在30岁的时候。"我并不是下定决心一定要30岁的时候自己创业的，只不过那个时候，我在自己一个人居住的公寓里制作鞋子，但是越来越感到受限制。正好我认识的一个朋友告诉我他有地方可以借给我使用。"

这就是野田女士现在所在的制鞋工坊。虽然面积不大，但是一个人工作空间还是相当宽裕的。这里的隔音环境非常好，非常适合作为制鞋工坊使用。"虽说定好了场所，但是刚一开始就只接受定制却并不太现实。所以开始的时候我只把它当做副业。但尽管这样效果还是不好。于是我便给制鞋学校打电话，表明自己想要辞去工作独立创业，但是只接受定制比较困难，请他们帮我出主意，解脱困境。"

真是不求人不知道。虽然对方对我的话有点儿意外，不过还是耐心听完了我的需要。之后他们告诉我，学校里正好缺一个教电脑设计的老师，问我要不要去试试。"野田女士在公司里从事的正是计算机设计方面的工作，所以并没有太大的难度。经过了1年公司工作的交接，野田女士于2000年正式离开公司，踏出了独立创业的第一步。

"不亲自尝试，结果是什么样谁也不知道。但是，只要按照一定的节奏去进行，我相信一定会做出一些成就来。当然，在创业的过程中，自己经常会拿不准，也因此感到不安，不知道自己是否真的能坚持下去。不过，既然已经下定了决心，接下来能做的，也只有坚持下去了！"

　　开始的时候,野田女士的订单主要以家人、前同事或朋友、同学为主。渐渐地,由于经历的独特性,以及身为女性制鞋师的身份,野田女士也开始被一些媒体推广介绍。因此,她的订单也逐渐多了起来。在朋友的介绍之下,她还把自己的作品放到了一些精品服装店去销售。

经过了一段顺利的职业发展，在3年之前，野田女士也遇到了令人烦恼的时期。鞋子的订单突然一下大幅减少，收入开始变得不稳定起来。工作室的支出转盈为亏，好不容易稳定下来的定制制作工作，现在无法继续集中进行下去了。"于是我干脆停下手头的工作，到住在墨西哥的父亲那里去旅行。当时我觉得自己有必要休息一下了。但是爸爸对我说'如果不想停的话就不要停，再努力坚持一段时间看看吧！'。"

野田女士的父亲在墨西哥经营着一家公司，在国外工作的困难，以及经营上遇到的难题，他一定都面对过不少。因此爸爸鼓励的话，给野田女士增添了不少的勇气。

"于是我有了精神，下决心再多努力些。过去可能是我一心扑在鞋子上了，那时起，我也开始尝试与此完全无关的饮食店的动作。虽然身体上很辛苦，但是在接待客人的过程中，我积累了不少珍贵的经验，制鞋工作的节奏也慢慢稳定了下来。"

野田女士虽然很喜欢制作鞋子，但是对这份工作却没有过多的野心和虚荣心。"我既不是设计师，也不是制作工艺品的人。如果我不努力的话，就会感觉没办法维持工作状态的平衡。很多专业人士都喜欢说，外行人不明白，等等，但是我却不喜欢这样的思考方式。我希望自己做出来的鞋子穿起来都能非常好看，我也只会制作这样的鞋子。不会用一些类似的限制来束缚自己。因此我经常会倾听客人和其他人的意见。"

尽管一直在制作鞋子，但是野田女士说，至今她仍然在探索自己的风格。"产量是否要再多一些？这种风格要持续下去吗？这些都是我下面要开展的工作。如果想要扩大产量的话，单凭一个人的力量是很难完成的。如果产量增加了，自己是否能够很好地控制呢？同一项工作，持续5年忘我的工作自然没有问题，但是如果持续了10年之后，想法自然就会发生改变。我希望以后一直坚持把鞋子做下去，在这条路上，什么才是最适合自己的呢？这个问题我会花更多的时间去思考。"

鞋履设计师　野田满里子

工作室&商店

工作室 鞋工坊 Zapateo
地址：东京都台东区浅草7-3-6
　　　Tatematu大厦2F#1
电话：03-5731-6467（转东京事务所）
主页：http://www.zapateo.com

设计师履历

1969年出生。
1992年　大学毕业后，进入胶片公司任职。
1994年　进入制鞋专业学校，一边坚持工作，一边
　　　　学习制鞋工艺。
2000年　从公司辞职，独立创业。
2001年　工作开始走上正轨。
现在，一边制作定制鞋履，一边在制鞋专业学校担任讲师。

想要成为定制鞋履设计师

一般需要在制鞋专业学校或教室学习制作方法。也有人到意大利等国家留学。也有一些人完全自学成才，但过程非常艰难。
从学校毕业后，也不能保证一定有就业的可能。
很多人都独立创业担任制作人。

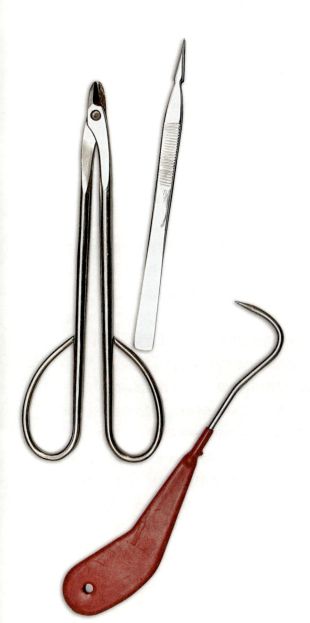

即便是最尖端的设计，也会在一秒之间过时。就拿在日本自古有之的『盆栽』来说，因为太过普通，没有人会去注意，但是在不知不觉中，却又有了全新的可能性。一切就从这里开始！

时尚盆栽设计师
田鸠Risa

和盆栽一起恋爱。虽然超乎想象，但却非常有趣！

田鸠Risa是一位原创设计师，她将盆栽和器皿结合在一起设计，推出了具有独创性的"时尚盆栽"作品。田鸠Risa是一位时尚盆栽艺术家，她和盆栽的邂逅，发生在八年之前。

"当时，我一直从事着和音乐相关的工作，例如广播节目的DJ或者杂志撰稿人等。一次，我的父亲突然间病倒，陷入了意识不清的状态。由于事情发生得太过突然，所以家人都十分震惊。家人在一起商量了很多事，甚至还商量要不要借此机会全家一起移民到国外。"事情就这么突然地发生了。田鸠女士因为有过留学经验，所以英语不成问题，但是对于"日本人该掌握的技术"，却基本上是一窍不通。

"我的父亲是日式餐厅的厨师长，虽然英语不太好，但是因为精通日式料理的技术，在国外可以作为谋生的手段。我虽然英语很好，但是却无法像父亲那样，使用语言以外的形式和其他人进行交流。而且，我们家族成员中，除了我之外，全部都有厨师资格证或营养师执照，只有我在这方面一无所有。"虽然能够说一口流利的英语，在国外生活是必不可少的条件，但是除此之外，明白自己作为日本人究竟能够做些什么特别的东西，则显得更加重要。

"我深感自己虽然身为日本人，但是却完全没有日本人应该掌握的技能。于是我想找找看，有没有什么自己作为日本人可以做的事情。我把这样的想法告诉了一位当钢琴老师的朋友，她回答我说'如果想自己一个人做的话，不妨考虑钢琴调音师，或者制作盆栽。'她的话给了我很大的启示。"美国的电影里经常会出现盆栽的画面，一提到盆栽，外国人脑子中最先联想到的就是"日本"。"于是我在网上搜索了'Bonsai'（盆栽的日语发音），没想到居然搜索出了很多网站。我个人对日式盆栽的制作方法有一定了解，所以便认定了做盆栽一定有其价值。"

现在，市面上有很多盆栽教室，在自己家中制作盆栽的年轻女性人数也越来越多。但是，在那个年头提起盆栽，人们都会立刻联想到"老爷爷在院子里摆弄的东西"。

时尚盆栽设计师

当时的盆栽还不像现在这样充满时尚的气息。

"我对自己说，与其选择别人常走的路，不如选择特别的路。比起大家都选择的风格，如果能够做出一些小众领域，一定会更有意思。因此就算路比较窄，但我也决定尝试一番。但是，盆栽领域也没有国家资格考试之类的评判标准。也许是与我长时间在音乐领域工作有关，我逐渐找到了适合自己的工作节奏，对我来说，能按照这样的节奏工作是一件相当有魅力的事情。"

决定之后，田鸠女士第二天便跑到书店去购买盆栽杂志。但是却不知道究竟应该到哪里去学习盆栽技术。"于是我干脆给一位认识的编辑打电话，向他询问在哪里能够学到盆栽技术。这位总编是我在音乐行业中工作时认识的朋友，他一直以为我在从事音乐工作，听到我对盆栽有兴趣，感到非常新奇。我们俩连续谈了3个多小时。他向我介绍了一个盆栽园。当年的我看起来比现在更有冲劲儿，可能这位总编感到非常莫名其妙，不知道我为什么会突然对盆栽有兴趣（笑）。"

在盆栽园，田鸠女士学习了基本的盆栽技术，通过各种展会，她有机会和业界的人员广泛交流，扩展了关于盆栽的知识。在正式开始制作盆栽3个月之后，为了能够亲手制作盆栽陶器，她又报名了陶艺教室，开始学习陶艺制作。

"在观赏盆栽展览的时候,有的作品可以一眼看出是非常有名的植物,但究竟是谁的作品,却很难搞清楚。我希望我的作品能让别人一眼就认出这是我的风格,但是如果使用原有的花器,基本上是不可能的。于是我便下定决心自己动手制作花器,于是就开始学习陶艺。"

田鸠女士制作的花器都有一个特点,就是都长着"脚"。这样的设计为花器赋予了人物般的形象,而且非常有趣。"有一次我尝试了一下给花盆安上脚,没想到竟然十分有意思。这种形象好像在制作的过程中自然而然便产生了。我对制作陶器并不十分在行,也不追求用高级奢华的花器来摆放我的盆栽作品。因为那样的东西太多了,太没有个性了。"

经过了不到半年的时间,田鸠女士便召开了自己的个展。第二年的秋天,又举办了第二次个展。也就是在这次个展上,她创造出了"时尚盆栽(popbonsai)"这个概念。"我不希望我制作的盆栽,和其他正统的盆栽归为一类。我希望能做盆栽中的'异类'。为了能取一个有个性的名字,我想了很多,就像音乐人给新专辑取名称那样。我希望把日语中'bonsai'这个词用在我的作品名称中。"

决定了名称之后,田鸠女士开始推广自己的作品。

"我会制作一些介绍资料或直接邮寄广告宣传单发送,也会在制作的时候考虑到客户的需要。之前在音乐界的工作经验,现在发挥了很大的作用。我甚至还制作了宣传视频。"

凭借全新的形式,田鸠女士的活动备受瞩目。除了日本,她还向海外出版了书籍。但是她却不出售自己制作的盆栽。"我会销售花器,但是自己完成的作品就另当别论了。我认为我的每个作品都是有生命的,因此不能用价格来衡量。我只希望自己设计、培育盆栽。因为它们是有生命的,所以并不一定会按照我的愿望来生长。有的时候形状会发生改变,但这一点也正是最有意思的地方。对我来说,制作盆栽就像谈恋爱一样,如果能够好好照顾它们,就能和它们一起谈一场精彩的恋爱。"

对于盆栽来说,没有"完成"的说法,也不会有终止。当然,有的盆栽也会突然间干枯死去。"它们的生长并不受我的支配,我感觉对它们就像对待合作伙伴一样,要像处理人际关系一样去对待和它们之间的关系。在制作盆栽中需要学习的东西真的非常非常多!"

时尚盆栽设计师

田鸠女士现在在日本立教大学研究生院学习跨文化传播专业。在人与自然交流方面，她正在用时尚盆栽艺术的形式，进行着自己的探索，并且希望能够与环境教育结合到一起。"如果不是盆栽艺术的话，我想自己对这方面是不会感兴趣的。我个人并不认为盆栽或大自然有治愈的力量。认为它们有治愈能力的想法，我认为体现了人类的傲慢和以自我为中心。植物本身是自由生长的存在，而并不是为了治愈人类才存在的。我希望人类和植物之间能够成为朋友，能够和植物一起和平地生活在一起。现在，虽然我还在经历反复失败、尝试的过程，但是我希望能够通过盆栽这种形式，将这样的理念传递给更多的人。"

只要想继续做下去，就一定会坚持到最后。无论是盆栽还是制作花器，都永远没有终点。

"我曾经有机会采访一位泰斗级的音乐人。他曾经对我说，至今发片前仍然会感到不安，担心不会有人支持他的作品。"连这种级别的人都会有这样的心情，实在令人吃惊。"那时候我才明白，原来大家都是一样的人！只要是进行创作的人，就会一直带着不安的心情。也只有这样，才能一直持续地将创作进行下去。我不会轻易地退休或者转行，只要我坚持着自己的信念，不管以哪种形态，我都会一直持续下去！"

时尚盆栽设计师　田鸠Risa

工作室&商店
工作室 非公开
主页：http://www.popbonsai.com
Webshop：Browse http://www.browse.ne.jp

设计师履历
1967年出生。
1991年　海外留学之后，进入广播行业工作。
　　　　除了担任DJ之外，还进行撰稿工作。
1999年　加入全日本小品盆栽协会。
　　　　称为相模支部的会员，开始学习盆栽。
2000年　开始时尚盆栽创作活动。
2004年　面向海外出版图书。
现在，在活动中不断探索着时尚盆栽艺术设计的可能性。

想要成为盆栽艺术家
在盆栽教室等地学习基本的技术和知识，
一般都会在盆栽园等地就职。
大多数盆栽艺术家都会采用带徒弟的制度，
一般的学徒时间要在5年以上。
也有一些人独立学习盆栽技术，参加盆栽展，
并获得极高的评价。

银的质地比金或铂金更加柔软,因此能够更加自由地进行造型。长崎女士的设计不拘泥于形式,用自由的心情随性设计。对于这样的她来说,银可能是最适合的一种素材!

015

银饰品设计师
长崎田季

一生的职业

长崎田季的工坊名为"Yuki Silver Works",是一家专门设计制作银制戒指、项链等首饰的工作室。长崎女士从事这一行已经20多年了,是一位名副其实的行家。从高中时代开始,她在朋友的介绍下,进入一家雕金工坊开始学习首饰制作工艺。"一周要去好几次,每次都是在放学之后赶过去,我在那里一边学技术,一边担任帮手。老板也会付一些薪水。直到24岁才辞去了那里的工作。"

说起辞去工作的理由,长崎女士说,是因为"迷上了旅行"。"20岁的时候,我第一次到印度和尼泊尔去旅行。在那里我受到了巨大的文化冲击,不过是好的方面。回到日本以后,我立刻又踏上了下一次旅程,而且陷入了一种不管旅行多少次都不够的状态。"

于是,长崎女士辞去了工作,开始了长达一年时间的旅程。回国后也在餐饮店等场所进行过短期的打工,但主要是为了存够钱继续去旅行。"几年之中,我一直持续着这样奔波的生活,在这段期间内,银饰设计的工作我也抛在了一边。"直到25岁之后,才开始重新制作少量的作品。

银饰品设计师

当时,她和银饰品中心还签订了合同,举行了发布会。之后订单便源源不断地涌来。"但是即便如此,光靠设计银饰是根本无法维持生活的。于是我到一家销售绘画材料的地方去打工。一度我还曾经考虑过,是否要成为那里的正式职员。"

那个时候,长崎女士曾经认真地思考过,自己是否要做这样的工作。"当我考虑要成为绘画材料公司的正式职员,把它当作一生的职业的时候,心里却有了并不甘于此的想法。最终我还是下定决心,要将制作银饰品为自己真正的工作。"

所幸的是,当时长崎女士家是一所独立的住宅。由于加工银饰需要使用煤气灯、铁砧和金属锤等用具,会发出巨大的响声,如果住在公寓等集中式住宅中,根本无法进行这样的操作。"我在自己家中进行了半年多制作之后,租借了会场开始以展示销售的方式进行推广。很多见到我作品的人开始向我下订单,慢慢地工作量也稳定了下来。"

但是,由于所在地区的再次开发,原本的独立住宅被重建为了公寓。"这让我一下遇到了困境。那段时间我的状况最为窘迫,还曾经考虑过要不要搬到村子里去制作。但如果真的那样做的话,销售方面又会弱化很多。租工作室肯定不太现实,

又很难找到能供一个人使用的工作空间。当时甚至到了不能继续下去的危急关头。"

很幸运的是，当时的公寓设计师向长崎女士介绍了现在使用的工作坊，也获得了房主的同意。"这里原来是一座公寓的仓库，大小有10平方米左右。我进行了装修，加上了洗手间和流理台。这里最大的优点是无需考虑噪音的问题，可以尽情制作。于是我便在这里开始了制作。"

在接下来的十年时间内，长崎女士一直将这里作为工作室兼销售场所使用。"能有机会使用这间工作室真是一件幸运的事情。在此之前，我都是在家里制作，然后租借附近的银饰展示中心进行销售。而有了现在的工作室，客人既可以直接来参观，又可以直接进行销售。"而且，因为从小住在这一带，附近的人也都很熟悉。周围的人纷纷来工作室参观，也让长崎女士感到十分开心。"他们会说'你的工作真棒啊！'之类鼓励的话，大家也都会买上一两件银饰品，让我非常高兴。"

所有的设计工作，不管多么细微的部分，长崎女士都要亲自完成，可能的话，尽量不外包到其他地方。虽然外包给其他地方会让工作过程轻松很多，但是，长崎女士却执着于"全部自己完成"。另外，她对扩大工作规模也没有兴趣。"这样的工作很难扩大规模，想要批量生产也基本上不太可能。如果一味追求规模，很容易变成了重复生产同样造型的产品。那样一来，我的工作也变得没有意义了。虽然那样会让工作轻松很多，收入也会增加不少，但是我却不想去做那样的事情（笑）。"对长崎女士来说，确定造型反复制作并没有什么吸引力。"就算是同一系列的作品，我也会全部手工制作，让每一个作品的样子都不同。人过了四十岁，越来越感到人生只此一回，如果勉强自己去做不想做的事情，完全是在浪费自己的时间。"

几年前，长崎女士开设了个人网站，开始通过网上预订进行生产。对她来说，接受完全不认识的人的网上订单，是一件非常有意思的事情。"虽然向我订货的人数很多，但大多数都是男性为女性定做的礼物。因此我也会收到很多来自女性的感谢信，这也让我感到十分开心。"订单的内容既有大致的描述，也有细节的设计图，形式非常多样。

银饰品设计师

"只要技术上可能实现,我会尽量按照顾客的希望去制作。但是,由于是佩戴在身上的物品,不能太重,因此在制作的时候也会受到一定的制约。"

长崎女士也曾接到过难度很大的订单。不过这对她来说,却也是难得的挑战。"每次接到困难的订单,为了完成造型,都要经过反复的尝试和失败,在此过程中,我的技术也会有所提高。如果只做自己得心应手的东西,手感很快就会迟钝下来。如果只做做过的东西,慢慢就会变得只想做自己能做的东西,这样是没办法锻炼技术的。既然决定了要做这份工作,我就会一直坚持下去。从这个角度来讲,我的成长也多亏了顾客们的培育。"

现在,长崎女士的作品风格渐渐变得简洁起来。"过去的设计更注重于设计本身,而简洁的风格则更重视作品的粗细等技术方面的工艺,制作起来难度会更大。一旦出错,就需要重新来过,因此绝对不允许失误。"

坚持了20多年设计工作的长崎女士,对那些想要从事设计事业的年轻人,给出了这样的建议。

银饰品设计师

"我认为,从一开始就坚定将设计作为自己一生的事业,是非常重要的因素。我也曾经有过动摇、迷茫、痛苦的时候。但是每到这时,我会抱着纯粹的想法、拼命地将设计工作坚持下去。"虽然为了维持生活,赚钱是必须考虑的因素,但如果只顾赚钱,却是本末倒置的行为。

"如果不明确自己的目标,就很容易跌倒。能够正确地认清自己,是一件非常重要的事情。我今年已经48岁了,随着年龄的增长,不能承担过度的工作,注意力也开始衰退了。面对这种情况,我们应该培养自己持续工作的能力。只有做自己真正喜欢的事情、无法代替的事情,才是最为重要的。"

长崎女士又笑着说,"只不过不可能赚太多钱罢了。"

银饰品设计师　长崎田季

工作室&商店
商店：Yuki Silver Works
地址：东京都世田谷区赤堤2-43-12
电话：03-3328-5950
营业时间：11:00~18:30
休息日：星期二
主页：http://www13.ocn.ne.jp/~yuki.s.w/

设计师履历
1959年出生。
1977年　从高中时代开始制作首饰。
1992年　正式开始银饰品设计工作。
1996年　建成工作室。
现在，工作范围广泛，包括设计原创作品、首饰翻新、接受定制等各种银饰品相关领域。

想要成为银饰品设计师
可以在金属雕刻学校或专科学校学习，也可以进入工坊，跟随师傅一边当学徒一边积累经验。需要拥有必要的基础知识。可以进入银饰品设计或制造公司就职。

致谢

我曾出版了一本名为《20岁后开店铺——15位女性店主的成功故事》的作品。这本书中汇集了咖啡厅、杂货店、花店等独具魅力的小店的女性店主的真实故事。

而本书则作为后续的第二发作品！介绍了陶艺、布艺小物、皮革小物、玻璃工艺……各种女性设计师的故事。介绍了她们为什么要选择这个领域、走了哪些弯路、从事这项工作需要的能力、设计这项工作究竟是怎么一回事……。

常听人说"工作和兴趣是两码事"。这话说得没错。想要以设计为生，必须考虑到生存的责任和压力，这与单凭兴趣制作手工完全不是一回事。这个最初简单的想法，却在不知不觉中让她们超越了"业余爱好者"的范畴，成为她们走上专业道路最坚定的信念。

如果想做些什么，首先一定要让自己的双手动起来。

不妨从身边的事物、可以做到的事物开始动手。当做成什么的瞬间，也许就踏出了之前并不明确的全新的一步。

2007年10月

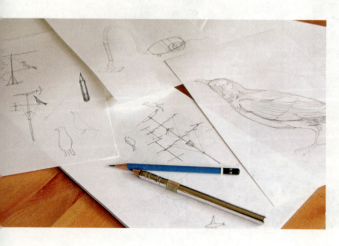

编著者：田川美由

曾经从事过文字编辑、出版等工作，现为自由职业编辑、作家。

曾编著过的作品包括：《30岁后开店铺——15位女店主的成功故事》（日本雷鸟社）、《Tokyo咖啡厅》系列（Enterbrain）、《制作可爱物品》（PIE BOOKS）等。

图书在版编目（CIP）数据

梦想的手工设计室／（日）田川美由著；孙羽译．—北京：中国轻工业出版社，2019.4

ISBN 978-7-5184-1310-2

Ⅰ．①梦… Ⅱ．①田… ②孙… Ⅲ．①手工艺品－制作 Ⅳ．①TS973.5

中国版本图书馆 CIP 数据核字（2019）第 051650 号

MONODUKURI WO SHIGOTO NI SHIMASHITA．
——JOSEI CREATOR 15 NIN GA DEKIRU MADE　by Miyu Tagawa
Copyright © Miyu Tagawa / Raichosha 2007
All rights reserved．
Original Japanese edition published by Raichosha, Tokyo．

This Simplified Chinese language edition is published by arrangement with
Raichosha, Tokyo in care of Tuttle-Mori Agency, Inc., Tokyo
through Beijing GW Culture Communications Co., Ltd., Beijing．
Photo by Eren Kanai

责任编辑：钟　雨

策划编辑：李亦兵　钟　雨　　责任终审：张乃东　　封面设计：王超男
版式设计：锋尚设计　　　　　　责任校对：吴大鹏　　责任监印：张　可

出版发行：中国轻工业出版社（北京东长安街6号，邮编：100740）

印　　刷：北京富诚彩色印刷有限公司

经　　销：各地新华书店

版　　次：2019年4月第1版第1次印刷

开　　本：720×1000　1/16　印张：8

字　　数：100千字

书　　号：ISBN 978-7-5184-1310-2　定价：58.00元

邮购电话：010-65241695

发行电话：010-85119835　传真：85113293

网　　址：http://www.chlip.com.cn

Email：club@chlip.com.cn

如发现图书残缺请与我社邮购联系调换

141302Z1X101ZYW